大飞机出版工程

总主编　顾诵芬

运输类飞机
结冰和防冰适航验证技术

Icing　Certification of Civil Aircraft

黄　雄　梁远东　刘斌慧　赵宾宾　著

上海交通大学出版社
SHANGHAI JIAO TONG UNIVERSITY PRESS

内容提要

本书立足于运输类飞机结冰和防(除)冰适航验证技术,较全面地介绍了飞机结冰现象及危害、结冰探测、结冰防护技术、结冰和防(除)冰适航要求、结冰和防冰数值模拟与冰风洞试验、结冰与防(除)冰试验试飞等内容。本书结合作者多年的研究成果和工程经验,较为系统地阐述了运输类飞机结冰和防(除)冰工程设计和适航验证两方面的内容。

本书适合从事运输类飞机结冰和防(除)冰相关领域研究的工程技术人员参考。

图书在版编目(CIP)数据

运输类飞机结冰和防冰适航验证技术/黄雄等著
. 一上海:上海交通大学出版社,2023.1
大飞机出版工程
ISBN 978 - 7 - 313 - 26811 - 2

Ⅰ.①运… Ⅱ.①黄… Ⅲ.①运输机-结冰试验-适航性飞行试验②运输机-防冰系统-适航性飞行试验
Ⅳ.①V271.2

中国版本图书馆 CIP 数据核字(2022)第 073777 号

运输类飞机结冰和防冰适航验证技术
YUNSHULEI FEIJI JIEBING HE FANGBING SHIHANG YANZHENG JISHU

著　　者：黄　雄　梁远东　刘斌慧　赵宾宾
出版发行：上海交通大学出版社　　　　　　　　地　　址：上海市番禺路 951 号
邮政编码：200030　　　　　　　　　　　　　　电　　话：021 - 64071208
印　　制：苏州市越洋印刷有限公司　　　　　　经　　销：全国新华书店
开　　本：710mm×1000mm　1/16　　　　　　印　　张：10.25
字　　数：195 千字
版　　次：2023 年 1 月第 1 版　　　　　　　　印　　次：2023 年 1 月第 1 次印刷
书　　号：ISBN 978 - 7 - 313 - 26811 - 2
定　　价：78.00 元

大飞机出版工程

丛书编委会

总主编

顾诵芬（中国航空工业集团公司科技委原副主任、中国科学院和中国工程院院士）

副总主编

贺东风（中国商用飞机有限责任公司董事长）

林忠钦（上海交通大学校长、中国工程院院士）

编委会（按姓氏笔画排序）

王礼恒（中国航天科技集团公司科技委主任、中国工程院院士）

王宗光（上海交通大学原党委书记、教授）

刘　洪（上海交通大学航空航天学院副院长、教授）

任　和（中国商飞上海飞机客户服务公司副总工程师、教授）

李　明（中国航空工业集团沈阳飞机设计研究所科技委委员、中国工程院院士）

吴光辉（中国商用飞机有限责任公司副总经理、总设计师、中国工程院院士）

汪　海（上海市航空材料与结构检测中心主任、研究员）

张卫红（西北工业大学副校长、教授）

张新国（中国航空工业集团副总经理、研究员）

陈　勇（中国商用飞机有限责任公司工程总师、ARJ21飞机总设计师、研究员）

陈迎春（中国商用飞机有限责任公司CR929飞机总设计师、研究员）

陈宗基（北京航空航天大学自动化科学与电气工程学院教授）

陈懋章（北京航空航天大学能源与动力工程学院教授、中国工程院院士）

金德琨（中国航空工业集团公司原科技委委员、研究员）

赵越让（中国商用飞机有限责任公司总经理、研究员）

姜丽萍（中国商用飞机有限责任公司制造总师、研究员）

曹春晓（中国航空工业集团北京航空材料研究院研究员、中国工程院院士）

敬忠良（上海交通大学航空航天学院常务副院长、教授）

傅　山（上海交通大学电子信息与电气工程学院研究员）

总　　序

国务院在 2007 年 2 月底批准了大型飞机研制重大科技专项正式立项，得到全国上下各方面的关注。"大型飞机"工程项目作为创新型国家的标志工程重新燃起我们国家和人民共同承载着"航空报国梦"的巨大热情。对于所有从事航空事业的工作者，这是历史赋予的使命和挑战。

1903 年 12 月 17 日，美国莱特兄弟制作的世界第一架有动力、可操纵、比重大于空气的载人飞行器试飞成功，标志着人类飞行的梦想变成了现实。飞机作为 20 世纪最重大的科技成果之一，是人类科技创新能力与工业化生产形式相结合的产物，也是现代科学技术的集大成者。军事和民生对飞机的需求促进了飞机迅速而不间断的发展和应用，体现了当代科学技术的最新成果；而航空领域的持续探索和不断创新，为诸多学科的发展和相关技术的突破提供了强劲动力。航空工业已经成为知识密集、技术密集、高附加值、低消耗的产业。

从大型飞机工程项目开始论证到确定为《国家中长期科学和技术发展规划纲要》的十六个重大专项之一，直至立项通过，不仅使全国上下重视我国自主航空事业，而且使我们的人民、政府理解了我国航空事业半个多世纪发展的艰辛和成绩。大型飞机重大专项正式立项和启动使我们的民用航空进入新纪元。经过 50 多年的风雨历程，当今中国的航空工业已经步入了科学、理性的发展轨道。大型客机项目产业链长、辐射面宽、对国家综合实力带动性强，在国民经济发展和科学技术进步中发挥着重要作用，我国的航空工业迎来了新的发展机遇。

大型飞机的研制承载着中国几代航空人的梦想，在 2016 年造出与波音公司

B737 和空客公司 A320 改进型一样先进的"国产大飞机"已经成为每个航空人心中奋斗的目标。然而,大型飞机覆盖了机械、电子、材料、冶金、仪器仪表、化工等几乎所有工业门类,集成数学、空气动力学、材料学、人机工程学、自动控制学等多种学科,是一个复杂的科技创新系统。为了迎接新形势下理论、技术和工程等方面的严峻挑战,迫切需要引入、借鉴国外的优秀出版物和数据资料,总结、巩固我们的经验和成果,编著一套以"大飞机"为主题的丛书,借以推动服务"大飞机"作为推动服务整个航空科学的切入点,同时对于促进我国航空事业的发展和加快航空紧缺人才的培养,具有十分重要的现实意义和深远的历史意义。

2008 年 5 月,中国商用飞机有限公司成立之初,上海交通大学出版社就开始酝酿"大飞机出版工程",这是一项非常适合"大飞机"研制工作时宜的事业。新中国第一位飞机设计宗师——徐舜寿同志在领导我们研制中国第一架喷气式歼击教练机——歼教 1 时,亲自撰写了《飞机性能及算法》,及时编译了第一部《英汉航空工程名词字典》,翻译出版了《飞机构造学》《飞机强度学》,从理论上保证了我们的飞机研制工作。我本人作为航空事业发展 50 多年的见证人,欣然接受上海交通大学出版社的邀请担任该丛书的主编,希望为我国的"大飞机"研制发展出一份力。出版社同时也邀请了王礼恒院士、金德琨研究员、吴光辉总设计师、陈迎春副总设计师等航空领域专家撰写专著、精选书目,承担翻译、审校等工作,以确保这套"大飞机"丛书具有高品质和重大的社会价值,为我国的大飞机研制以及学科发展提供参考和智力支持。

编著这套丛书,一是总结整理 50 多年来航空科学技术的重要成果及宝贵经验;二是优化航空专业技术教材体系,为飞机设计技术人员的培养提供一套系统、全面的教科书,满足人才培养对教材的迫切需求;三是为大飞机研制提供有力的技术保障;四是将许多专家、教授、学者广博的学识见解和丰富的实践经验总结继承下来,旨在从系统性、完整性和实用性角度出发,把丰富的实践经验进一步理论化、科学化,形成具有我国特色的"大飞机"理论与实践相结合的知识体系。

"大飞机出版工程"丛书主要涵盖了总体气动、航空发动机、结构强度、航电、制造等专业方向,知识领域覆盖我国国产大飞机的关键技术。图书类别分为译著、专著、教材、工具书等几个模块;其内容既包括领域内专家们最先进的理论方法和技术成果,也包括来自飞机设计第一线的理论和实践成果。如:2009 年出版的荷兰原福克飞机公司总师撰写的 *Aerodynamic Design of Transport Aircraft*(《运输类飞机的空气动力设计》）；由美国堪萨斯大学 2008 年出版的 *Aircraft Propulsion*（《飞机推进》）等国外最新科技的结晶；国内《民用飞机总体设计》等总体阐述之作和《涡量动力学》《民用飞机气动设计》等专业细分的著作；也有《民机设计 1 000 问》《英汉航空缩略语词典》等工具类图书。

　　该套图书得到国家出版基金资助，体现了国家对"大型飞机"项目和"大飞机出版工程"这套丛书的高度重视。这套丛书承担着记载与弘扬科技成就、积累和传播科技知识的使命，凝结了国内外航空领域专业人士的智慧和成果，具有较强的系统性、完整性、实用性和技术前瞻性，既可作为实际工作指导用书，亦可作为相关专业人员的学习参考用书。期望这套丛书能够有益于航空领域里人才的培养，有益于航空工业的发展，有益于大飞机的成功研制。同时，希望能为大飞机工程吸引更多的读者来关心航空、支持航空和热爱航空，并投身于中国航空事业做出一点贡献。

2009 年 12 月 15 日

前　　言

　　飞机的结冰问题多年来一直严重影响航空安全飞行。自国产大飞机专项启动以来,随着 ARJ21 - 700、C919、CR929 等多个型号的推进,飞机结冰和防(除)冰的研究成为国内科研领域热点。本书结合作者多年从事民用飞机结冰和防(除)冰研究的成果和工程经验,系统地分享飞机结冰和防(除)冰工程设计和适航验证经验,对从事本领域工作的工程设计人员有积极的借鉴作用。

　　本书的出版是在工信部民机预研课题"过冷大水滴结冰适航性要求及验证技术研究"的支持下完成的。全书内容主要涉及两个方面:一方面是对结冰探测和结冰防护技术工程设计经验的阐述,另一方面是对结冰和防(除)冰适航验证经验的总结。本书各章节还介绍了过冷大水滴结冰研究成果。

　　在完成本书的过程中,作者力求阐述系统、准确、通俗易懂,但限于作者水平和经验,难免存在错误和不妥之处,真诚地希望读者批评指正。

作者

2022 年 5 月 8 日

目　　录

第1章 飞机结冰现象及危害

1.1 飞机结冰物理学原理

高空中存在大量的过冷水滴。当飞机在湿空气中飞行时,空气由于重量轻,因此能够完全绕过飞机表面,而过冷水滴则由于惯性作用撞击在飞机迎风部件上。当大量过冷水滴粘在飞机表面上时就会结冰,飞机结冰的原因主要有三个:

(1) 温度:低于冰点(0℃);

(2) 空气中有悬浮的过冷水滴;

(3) 凝结核:空气中的过冷水滴处于不稳定状态,一旦遇到扰动或者凝结核就会瞬间结冰,而飞机就是这个凝结核。

1.2 结冰分类

在不同的气象条件和飞行条件下,过冷水滴在飞机的不同部件表面及区域的撞击、冻结和溢流特性不同,导致结冰的物理过程有所差别,冰层的具体形状也不同。不同的结冰类型对飞机的影响也不一样,通常可以按照结冰的物理过程及冰的几何形状分类。

1.2.1 按照结冰的物理过程分类

按照结冰的物理过程,可分为霜冰、明冰、混合冰、积霜及干结冰。

1) 霜冰

霜冰,又称为"毛冰",它是过冷水滴在与部件表面碰撞的瞬间且未来得及在表面扩散就已冻结形成的冰。霜冰通常形成于温度很低(低于−10℃)、水滴尺寸较小、空气中液态水含量较低以及飞行速度较低的情况下。图1−1展示了霜冰。

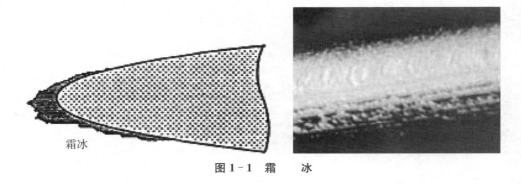

图 1-1　霜　　冰

　　由于碰撞时液滴保持近似球型且在瞬间冻结，在冻结的液滴间存在着空隙，所以霜冰呈现一种干燥的、乳白色的流线型外表。在现有的资料里，霜冰又称为"不透明冰"和"乳白色冰"。霜冰的密度小于碰撞水滴的密度，结冰过程中放出的热量有限，不足以使当地温度升高到冰点以上，所有的水滴在冻结后将不再融化。由于水滴与物体的撞击区面积小，且无向后的溢流，所以其冻结范围狭窄，冰仅在前缘很狭窄的区域形成；又由于冻结时其中气泡来不及排除，因而其具有像砂纸一样粗糙而不透明的表面。

　　霜冰组织比较松脆，容易脱落，又加上表面比较粗糙，会降低升力面的气动效率，但相对容易被除冰装置清除。

　　2）明冰

　　明冰是一种透明状的冰。它是液滴撞击到部件表面后，没有冻结或者只有部分冻结，液态水在沿着物面流动的过程中逐渐冻结形成的冰。明冰一般在气温较高、水滴尺寸较大、液态水含量较高，以及飞行速度较快的条件下形成。图 1-2 展示了明冰。

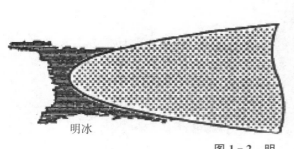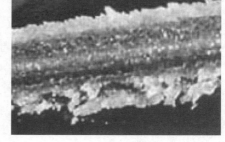

图 1-2　明　　冰

　　对于明冰，较大的液态水滴撞击飞机表面后并不会全部凝结，而是有部分液体沿飞机表面向后移动,直到其全部凝结或者由于蒸发传质的作用而蒸发,所以通常沿着翼型表面的弦向分布范围较大。由于环境温度较高,水滴在冻结过程中的潜热不易散掉,故其冻结速度缓慢,水滴更紧密地堆积在一起,可以将空气泡排除得比较干净,因此明冰光滑透明、组织致密、表面结合强度大、不易被清除,且形状更不规则。

明冰有时可以过渡为双角状冰,它主要是在气动加热造成前缘区域为正温区的条件下发生的。其原理是撞击在机翼前缘上的过冷水沿着机翼的上、下表面向后流动,当它们流到距前缘有一定距离的负温区时开始冻结,故而形成了双角形状。除温度较高、水滴较大的条件外,再遇上液态水含量的变化也较大时,明冰也可呈凹凸不平、形状离奇的冰型。

飞机部件表面,特别是机翼表面结了明冰,将会严重地破坏飞机的气动外形。另外,由于它表面的结合强度较大而难以脱落,除冰装置难以清除,所以明冰对飞行的危害最大。

3) 混合冰

前面所述的霜冰和明冰通常是理想状态下的描述,实际上,经常见到的是混合冰,即同时具有霜冰和明冰的性质,如图 1-3 所示。

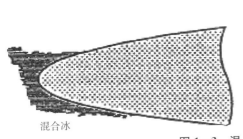

混合冰

图 1-3　混　合　冰

前缘驻点中心区附近冰的类型通常为明冰;离开驻点,冰的类型逐渐由明冰向霜冰转化,后部被霜冰冰羽包围,这就是混合冰的形成过程。混合冰多形成于 $-20 \sim -10℃$ 的云层中,因云层内大小水滴并存,所以形成的混合冰既具有大水滴结冰的特征,又有小水滴冻结的特点。如果云中既含有过冷水滴又含有冰晶,也可以形成混合冰。

由于混合冰的表面粗糙不平,形状不规则,又不容易脱落,所以对飞行的危害不亚于明冰。

4) 积霜

积霜是指空气中的水蒸气不经过液态,直接冻结在飞机表面的一种形式,又称为"凝华结冰"。

积霜产生于飞机表面温度很低,而空气较潮湿的情况,例如冬季停在机场的飞机,或者飞机从低于 0℃ 的环境忽然进入温暖而潮湿的空气中,均有可能形成积霜。

这种冰呈现白色、晶体状外形,一般可以用机械手段除去。积霜对气动外形改变不大,但也会破坏绕机翼的光滑流动,导致上表面气流提前分离,会对飞机起飞造成极大危害。

5)干结冰

干结冰是指飞机在含有冰晶体的云层中飞行时,冰晶沉积在部件表面所形成的冰,这种情况一般较少发生。

实践表明,飞行中积霜和干结冰极少产生,大部分的冰是由过冷水滴冻结导致的霜冰、明冰以及混合冰。因此,在研究飞机结冰问题时,一般是针对霜冰、明冰和混合冰这三种结冰类型进行讨论。据资料统计,在飞机结冰问题中,经常出现的为混合冰,其次为霜冰,明冰出现的机会很少。苏 ИЛ-14 飞机的 93 次结冰飞行试验结果表明,明冰仅占 12.9%,霜冰占 32.3%,而混合冰占 54.8%。

1.2.2 按照冰的几何形状分类

不同类型的冰,其外形也不一样。另外,结冰时间长短的差别也会导致冰外形的不同,对飞机的危害程度也有较大差别。为此,有研究者根据冰的几何外形,对冰进行分类,包括粗糙度冰、羊角冰、流向冰和展向冰脊。

1)粗糙度冰

粗糙度冰产生于结冰过程的初始阶段,此时冰的显著形状还没有形成。

翼型前缘结冰可分成三个区域:光滑区、粗糙区和羽状区,如图 1-4 所示。这些区域的粗糙度参数(粗糙元的高度 h 与直径 d)主要取决于该区域结冰过程中的冻结比例和聚集因子。对于典型雷诺数条件下的飞行,即使部件上的粗糙度冰在最初始的发展阶段,其高度也大于边界层的厚度,会影响边界层的发展并最终导致空气动力特性发生变化。

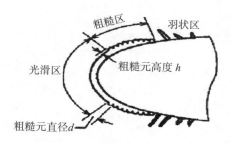

图 1-4　粗糙度冰示意图

2)羊角冰

羊角冰呈角状,可以通过高度 h、弦线的夹角 θ、位置 s/c、表面无量纲长度来描述,如图 1-5 所示。

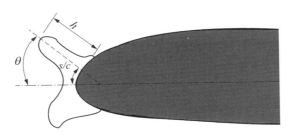

图 1-5　羊角冰示意图

羊角冰形成于明冰的结冰条件,外形通常包括上、下角主体部分,也包括羊角冰下游的羽状区,羊角冰对气动特性的影响比流向冰大,但比展向冰脊小。

3）流向冰

流向冰呈流线型,如图 1-6 所示。

图 1-6　流向冰示意图

流向冰通常形成于霜冰的结冰条件,在较低的环境温度下,当水滴在撞击表面冻结时,最初的冰形状沿着物面外形产生,在较长的结冰时间或当结冰条件恰当的时候,就可能形成流向冰。

流向冰对气动特性的影响最小,所以相关研究最少。

4）展向冰脊

展向冰脊是指过冷水滴与物面撞击之后未冻结,而是沿着物面溢流,在撞击区之后形成突起的脊状的冰,如图 1-7 所示。

由于展向冰脊是溢流水冻结而形成的,因此其通常具有明冰的特质。冰脊通常发生在 FAR-25 附录 O 中的过冷大水滴气象条件下,但在 FAR-25 附录 C 中的条件下也可能发生。

展向冰脊位置通常较为靠后,对气动特性的影响最为严重。

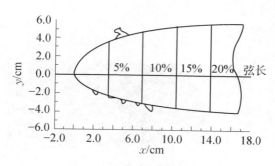

图 1－7　展向冰脊示意图

1.3　结冰强度

结冰强度是指单位时间内机体表面所形成的冰层厚度,也称为"结冰速率"。结冰强度分为轻微、轻度、中等和严重四个等级。由于飞机各结冰表面的形状不同,所以在相同结冰条件下,其结冰强度也会有所不同。本书是根据机翼前缘处的最大结冰厚度来划分的。

1)轻微结冰

轻微结冰通常指结冰速率小于 0.6 mm/min,飞行过程所结冰层厚度小于 5 cm 的情况。

轻微结冰在飞机的前缘呈现白线状,冰积累的速率略大于冰升华的速率。除非保持结冰超过 1 h,否则即使防冰系统在飞行过程中不可用,轻微结冰也并不危险。

2)轻度结冰

轻度结冰通常指结冰速率为 0.6～1.0 mm/min,飞行过程所结冰层厚度为 5.1～15.0 cm 的情况。

轻度结冰在机翼前缘上呈现细白线状,并且冰开始增大,此时开启防冰系统可以消除或防止积冰,并且无须改变飞行航迹和高度,空速也不会有损失。如果没有防(除)冰系统,则应该强烈考虑 180°转向,飞离结冰区。

如果在没有任何防冰措施的情况下飞行超过 1 h,则轻度结冰会对飞行造成威胁。

3)中度结冰

中度结冰通常是指结冰速率为 1.1～2.0 mm/min,飞行过程所结冰层厚度为 15.1～33.0 cm 的情况。

中度结冰时结冰速率较快,即使是在短时间内,结冰也有潜在的危险,因此需要使用防冰系统或者改变飞行路线。使用防冰系统时可能会引起空速有一定程度的损失。

如果继续结冰时间较长，则飞机性能会显著下降。

4）严重结冰

严重结冰通常是指结冰速率大于 2.0 mm/min，飞行过程所结冰层厚度大于 30.0 cm 的情况。

严重结冰时结冰速率非常快，对飞行造成直接威胁。除非经合格审定飞机可以在此情况下飞行，否则必须立即脱离。

1.4　结冰气象条件

鉴于本书主要介绍运输类飞机结冰和防冰适航验证技术，因此在这里不对四族十属云图分类体系、云中过冷水滴概念、水滴粒径分布概念进行介绍，只是有针对性地讨论适航规章中定义的结冰气象条件。

1.4.1　影响结冰的大气参数

1）海拔

海拔越高，云层越稀少。一般认为超过 22 000 ft[①] 后，不再有导致飞机结冰的结冰云层。

2）温度

温度是影响结冰的重要参数。一方面，温度决定了空气中的液态水含量，从而影响结冰；另一方面，温度作为结冰相变过程的主要参数，直接影响结冰的类型和外形。

温度影响结冰的主要原因是不同的过冷度对晶核的形成率和成长率有着明显影响。水要结成冰，首先温度要降到 0℃ 以下，成为过冷水。从热力学观点来看，过冷水处于亚稳态，解除该状态需要形成大于临界尺寸的冰核。冰核的形成存在两种机理：水体内的均匀成核与固液相变界面上的非均匀成核。当过冷水中出现尺寸大于临界尺寸的冰核时，结冰过程开始，冰核在过冷水中长大，最终成为宏观意义上的冰。同时，冰核的形成是一种随机现象，即冰核形成时水的过冷度在一定范围内呈概率分布。过冷度的大小对是否发生结冰现象有着重要的影响。当过冷度等于零时，晶核的形成率和成长率均为零。随着过冷度的增大，晶核的形成率和成长率都增大，并在一定的过冷度时达到最大值。而后当过冷度进一步增大时，它们又逐渐减小，直至在很大的过冷度下，两者又先后各趋于零。

过冷度对晶核的形成率和成长率有影响，主要是因为在结晶过程中有两个相反的因素在同时起作用。一个是晶体与液体的自由能差，它是晶核形成和成长的推动力；另一个相反因素便是液体中粒子的迁移能力或扩散系数，这是晶核的形成和成

---

① 　1 ft≈0.304 8 m。

长的必需条件,因为粒子的扩散系数太小的话,晶核的形成和成长同样也是难以进行的。

随着过冷度的增加,液体与晶体的自由能差增大,而液体中的粒子扩散系数迅速减小。这两种随过冷度不同而作用相反变化的因素的综合作用,使晶核的形成率和成长率在某个过冷度时出现一个极大值。在过冷度较小时,虽然粒子的扩散系数较大,但作为结晶推动力的自由能差较小,以致晶核的形成率和成长率都较小;在过冷度较大时,虽然作为结晶推动力的自由能差很大,但由于粒子的扩散在此情况下相当困难,故晶核也难以形成和成长,而只有两种因素在中等过冷度情况下都不存在明显不利的影响时,晶核的形成率和成长率才会达到极大值。

研究表明,温度对结冰的影响的直接表现是撞击水冻结比例随温度而变化,相应的冰的性质和形状也发生变化。温度较低时,撞击水冻结比例为100%,形成霜冰,冰密度较小,冰的外形也相对比较规则;温度升高时,冻结比例逐渐下降,形成混合冰和明冰,冰的密度比霜冰大,出现冰角等不规则外形;随着温度进一步上升,冰将不会在物面冻结。结冰最易发生在−7~−5℃温度区间,因为在此温度区间空气的湿度很高,而冰晶很少。

3) 液态水含量

液态水含量(LWC)是指给定云层单位体积内所含水分的重量。液态水含量通常以克/米^3(g/m^3)给出。

在影响飞机结冰的众多因素中,液态水含量是最重要的因素。研究表明,在给定温度和水滴直径的条件下,LWC越高飞机结冰的可能性也越大,LWC的增加可以导致结冰从霜冰转化为明冰;另外,高的LWC更易使过冷水滴碰撞机翼后沿气流向后流动形成后流冰。

LWC的变化主要受温度影响,当温度很低时云中的水蒸气直接凝华成冰晶,使LWC减少;当云层变得温暖时,混合比(水蒸气重量与空气重量的比值)增大,LWC增加;在温度接近熔点时云层中LWC会随着高度的增加而增加;但当温度远低于熔点时,由于形成冰晶的缘故,LWC会随着海拔的增加而减少。另外,LWC会随着云层降雨的出现而降低。

4) 水滴平均有效直径

大气中的水滴有不同的水滴直径,在结冰计算中我们通常使用水滴的平均有效直径(MVD),也就是大气云层中的水滴直径有一半小于此直径,而另一半大于此直径。

冰型是水滴直径的函数,水滴越大撞击到翼型上的可能性越大,而小的水滴则可能随气流偏离翼面。因为大水滴与小水滴相比,具有更大的惯性和不可忽略的下沉速度,它们更易直接撞击到翼型上,产生更大的水滴撞击区域。大水滴会产生更高的水滴收集效率,因此,产生的结冰速率也更高,同时结冰的区域也会更大。

水滴直径一般倾向于随着在云层中高度的增加而增加。

1.4.2　适航规章中传统结冰气象

美国国家航空咨询委员会(National Advisory Committee for Aeronautics, NACA)等组织从 1944 年就开始对自然结冰条件进行大量观测和研究工作,该工作一直进行到 1959 年。在此期间,研究人员陆续发表了大量观测研究成果,其中的数据构成了制定 FAR-25 附录 C(以下简称"附录 C")中传统结冰气象的基础,CCAR-25 和 CS-25 附录 C 也采用与 FAR-25 附录 C 同样的内容。

附录 C 将大气条件主要分为三种:最大起飞结冰、连续最大结冰、间断最大结冰,简述如下。

1) 最大起飞结冰

附录 C 规定,起飞时最严重的结冰条件(最大起飞结冰)如下:LWC 为 $0.35\,\mathrm{g/m^3}$,MVD 为 $20\,\mu\mathrm{m}$,地面环境温度为 -9℃。最大起飞结冰从地面延伸到起飞表面上 $457\,\mathrm{m}$(约 $1\,500\,\mathrm{ft}$)的高度。

2) 连续最大结冰

附录 C 将层云中的结冰现象称为"连续最大结冰",其特点是在一定时间内,飞机处于一个低等和中等程度的 LWC 的层云中。

连续最大结冰设计条件适用于像机翼、尾翼这样的部件。这些部件允许短时间或间歇地遇到更为严重的结冰气象条件。

在层云中结冰可以同时观测到霜冰和明冰,霜冰更为常见。连续最大结冰强度一般为轻度到中度。

层云结冰通常在温度为 $-15\sim0$℃ 时出现,这个区域为高度危险区域。在 $-30\sim-15$℃ 时,飞机结冰风险是中等;而在 -30℃ 以下,结冰风险很小。

层云中的结冰一般发生在中云层到高度低于 $3\,\mathrm{km}$(约 $10\,000\,\mathrm{ft}$)的低云层。在高空的层状云则大多是由冰晶组成的,一般不会对飞机结冰产生影响。

附录 C 对连续最大结冰条件定义如下:大气结冰状态的最大连续强度(连续最大结冰)由 LWC、MVD 和周围空气温度三个变量决定。这三个变量的相互关系如图 1-8 所示。用高度和温度表示的结冰限制包线如图 1-9 所示。由图 1-8 和图 1-9 可确定 LWC、MVD 及高度间的相互关系。水平范围 17.4 n mile 以外的连续最大结冰状态的 LWC 用图 1-8 的 LWC 和图 1-10 的 LWC 修正系数 F 来确定。

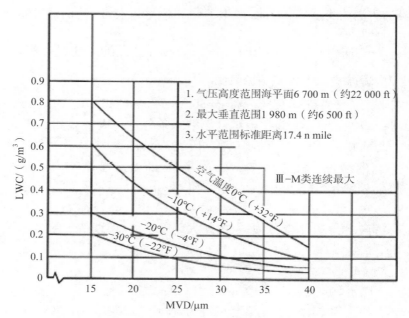

图 1-8　LWC、MVD 和空气温度的关系（层云）
（数据来源：NACA TN 1855）

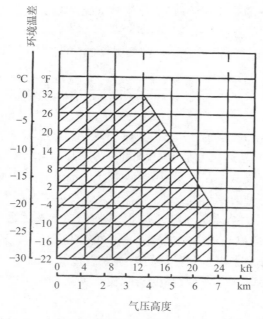

图 1-9　用高度和温度表示的结冰限制包线（层云）
（数据来源：NACA TN 2569）

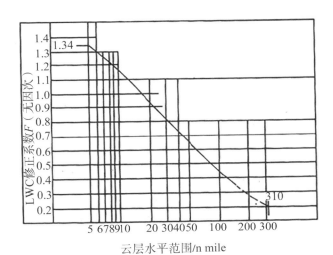

图 1 - 10　LWC 修正系数曲线（层云）
（数据来源：NACA TN 2738）

3）间断最大结冰

附录 C 将发生在积云中的结冰现象称为"间断最大结冰"，其特点是在短时间内，飞机处于一个高含水量的环境中。

间断最大结冰设计条件适用于发动机进气道和导向叶片这一类的部件。在这些部件上，即使在很短的飞行时间内，也不容许有冰的形成。

从上面两段描述可看出，间断最大结冰条件比连续最大结冰条件更为苛刻。

在积云中的结冰主要是明冰和混合冰两种。间断最大结冰强度可达到严重结冰强度。

积云结冰在温度 -3.3～20℃ 之间最常见，为高危险区域。在 -20℃ 以下，飞机结冰的风险为中等；在 -30℃ 以下，飞机结冰风险很小。

积云发展快、LWC 高，对飞机结冰强度和危害的影响都很大。

附录 C 对间断最大结冰定义如下：大气结冰状态的最大间断强度（间断最大结冰）由 LWC、MVD 和周围空气温度三个变量决定。这三个变量的相互关系如图 1 - 11 所示。用高度和温度表示的结冰限制包线如图 1 - 12 所示。由图 1 - 11 和图 1 - 12 可确定 LWC、MVD 及高度间的相互关系。水平范围 2.6 n mile 以外的间断最大结冰状态的 LWC，用图 1 - 11 和图 1 - 13 的相应系数来确定。

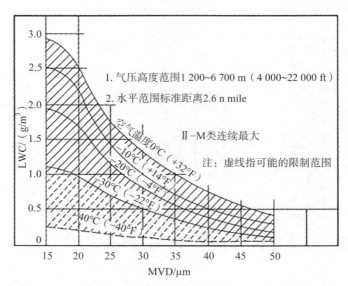

图 1 - 11 LWC、MVD 和空气温度的关系（积云）
（数据来源：NACA TN 1855）

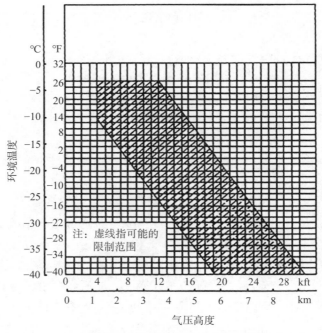

图 1 - 12 用高度和温度表示的结冰限制包线（积云）
（数据来源：NACA TN 2569）

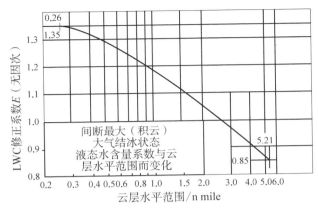

图 1 - 13　LWC 修正系数曲线（积云）
（数据来源：NACA TN 2738）

为了便于使用附录 C 连续最大结冰条件和间断最大结冰条件，表 1 - 1 给出了典型的连续最大结冰条件和间断最大结冰条件下的 MVD、温度、LWC 对应值。

表 1 - 1　连续最大结冰和间断最大结冰条件

连续最大结冰条件			间断最大结冰条件		
MVD/μm	温度/℃	LWC/(g/m^3)	MVD/μm	温度/℃	LWC/(g/m^3)
15	0	0.8	15	0	2.925
	−10	0.6		−10	2.5
	−20	0.3		−20	1.925
	−30	0.2		−30	1.1
25	0	0.5		−40	0.25
	−10	0.3	25	0	1.75
	−20	0.2		−10	1.45
	−30	0.1		−20	1.125
40	0	0.15		−30	0.7
	−10	0.10		−40	0.15
	−20	0.06	40	0	0.75
	−30	0.04		−10	0.50
				−20	0.35
				−30	0.25
				−40	0.05
			50	0	0.40
				−10	0.30
				−20	0.20
				−30	0.10
				−40	0.05

1.4.3　适航规章中新增结冰气象

1994 年美国 Roselawn 发生了一起空难事故,一架 ATR‐72.212 型飞机高速俯冲坠毁,机上乘客和飞行机组人员全部遇难。调查报告指出,飞机遇到了超出当时结冰适航条款范围的结冰条件,即直径超过 $100\,\mu m$ 的过冷大水滴,从而出现异常的结冰情况:冰溢流到飞机的除冰套之后,出现无法除去的冰脊,以致飞机最终失控坠毁。在此之后又发生了一系列拥有类似现象的空难,造成了十分恶劣的影响。

从 1994 年发生空难事故至今,美国和欧洲等国在这方面做了大量的研究和实验,认为过冷大水滴与传统 FAR‐25 附录 C 所规定的气象条件有较大差别,需要定义新的气象条件;同时,其还认为发动机防冰系统设计需要考证液固混合相与冰晶结冰气象条件下的结冰。基于此,美国联邦航空管理局(Federal Aeronautics Administration,FAA)在 2014 年 11 月 4 日公布的适航条例中补充了过冷大水滴及液滴‐冰晶混合气象条件的结冰气象规范,分别为 FAR‐25 附录 O 和 FAR‐33 附录 D。本书仅简述过冷大水滴结冰气象条件。

过冷大水滴结冰气象条件以云雾中最大水滴直径 $500\,\mu m$ 为界线,分为冻毛毛雨(freezing drizzle)状态和冻雨(freezing rain)状态。冻毛毛雨状态和冻雨状态都通过以下参数进行定义:云层气压高度、云层垂直和水平范围、云层温度、云层液态水含量、云层水重量分布(水滴直径分布函数)。这些参数之间存在具体关系图,本书在这里不做阐述。过冷大水滴结冰气象参数相比传统气象最大的区别就是增加了液态水累积重量分布曲线。

冻毛毛雨很难预测,一般会以液态形式存在,当接触到低于 0℃ 的物体时会立即冻结,其中最大过冷水滴直径会达到 $100\sim500\,\mu m$,由于冻毛毛雨环境中包含大量直径小于 $40\,\mu m$ 的水滴,因此有 MVD 小于 $40\,\mu m$ 的情况,冻毛毛雨可进一步划分为 MVD 大于和小于 $40\,\mu m$ 的两种状态。

冻雨易于预测,一般也会以液态形式存在,当接触到低于 0℃ 的物体时会立即冻结,其中最大过冷水滴直径会大于 $500\,\mu m$,但也包含直径小于 $40\,\mu m$ 的水滴,因此也有 MVD 小于 $40\,\mu m$ 的情况,冻雨可进一步划分为 MVD 大于和小于 $40\,\mu m$ 的两种状态。

研究表明,冻毛毛雨在 MVD 小于 $40\,\mu m$ 时,水滴重量在 MVD 为 $20\,\mu m$ 左右大量集中,占整个云雾水滴总重量的 80% 以上,在 MVD 大于 $60\,\mu m$ 的大水滴区域几乎平均分布的特点;冻毛毛雨在 MVD 大于 $40\,\mu m$ 时,水滴重量呈现显著的双峰分布,小水滴部分的 MVD 峰值也是 $20\,\mu m$ 左右,大水滴部分的 MVD 峰值为 $200\sim300\,\mu m$,不过大水滴部分占据更大的重量比例。冻雨在 MVD 小于 $40\,\mu m$ 和大于 $40\,\mu m$ 时,水滴重量都呈现双峰分布,且集中位置基本一致,小水滴部分的 MVD 峰

值是 $10\,\mu m$ 左右,大水滴部分在 $700\sim800\,\mu m$ 之间。区别就是 MVD 小于 $40\,\mu m$ 时,$10\,\mu m$ 左右的小水滴占据重量比例大;MVD 大于 $40\,\mu m$ 时,$700\sim800\,\mu m$ 的大水滴占据重量比例大。

1.5　飞机结冰的危害

飞机结冰对飞行安全形成的威胁主要有以下几个方面:飞机升力表面结冰会破坏飞机的气动外形,造成飞机空气动力特性显著降低,导致操纵困难;发动机进气道及动力装置发生结冰会导致发动机损坏、停车等严重后果;传感器结冰会导致信号失真和指示失常,极容易引发机毁人亡的悲剧。下面从飞机结冰对气动特性、操稳特性、性能特性、发动机、其他部位的影响分别进行阐述。

1)飞机结冰对气动特性的影响

发生在机身、机翼前缘、整流罩等部位的结冰一般会对飞机的全机气动外形造成影响,破坏飞机设计好的气动布局,增加机身的表面粗糙度,使转捩提前,造成气流分离,无法为飞机提供足够的升力,从而引发事故。

2)飞机结冰对操稳特性的影响

水平尾翼结冰会使飞机操纵性能降低,为维持纵向平衡需要提供比未结冰时更大的升降舵转角,并且有可能产生附加的俯仰力矩,降低临界迎角,提高发生风险的概率。由此可以看出水平尾翼的结冰不仅会影响飞机的操纵性能,也可能会造成操纵系统的完全失效,导致事故发生。另外,飞机结冰也会导致整机的重量分布变化,造成重心偏移,不利于飞机的平衡。

飞机的结冰会改变机翼截面上的焦点位置,从而改变飞机的纵向稳定性;同时气动外形的变化还会引起纵向气动导数的变化,改变飞机的纵向动稳定性,从而改变响应曲线。

3)飞机结冰对性能特性的影响

飞机起飞时需要达到一定的速率。当飞机结冰后,原来的起飞速率已经不足以使升力和重力平衡以满足起飞条件,滑跑距离和时间将增加,飞机的离地速度增大。此外,在飞机起飞阶段飞机速度过低,而当迎角较大时,更加容易发生飞机失速,导致事故发生。

出于同样的原因,飞机结冰后重量增加,且气动外形被破坏,升力下降,在降落过程中,下降速度较快,而在跑道上需要更长的滑跑距离来减速制动。同时,由于飞机结冰影响了飞机的操纵性能,因此容易导致飞行员在飞机着陆过程中误操作,导致事故发生。

4)飞机结冰对发动机的影响

飞机在结冰气象条件下飞行时,发动机的进气道、进气部件和动力装置均会发生结冰。进气道结冰会影响飞机短舱的进气流场,影响进入发动机的空气流量,引起进气畸变、功率降低,引起发动机性能损失甚至故障;短舱内侧的发动机内壁上积聚的冰也可能脱落后打坏发动机叶片;叶片上也可能出现结冰脱落现象,影响发动机的推力特性,造成飞机动力损失,影响发动机的正常工作,甚至引起发动机停车。另外,飞机结冰后,对于以发动机热引气作为加热源的防(除)冰设备,需要持续地从发动机引出热气,会导致发动机的可用功率下降。

5) 飞机结冰对其他部位的影响

飞机的风挡玻璃结冰后,其透明度降低,使得目测飞行变得困难,这在起飞和着陆时是很危险的。测温、测压传感头结冰会导致相应的仪表指示值失真,使驾驶工作复杂化,甚至会误导飞行员的驾驶。飞机上的天线装置结冰后,可能发生机械折断,使机上通信设备和一些电子设备工作失效,中断与地面的联系,这也是十分危险的。

1.6 运输类飞机应对飞行中飞机结冰危害的措施

飞机飞行中遇到不可避免的结冰危害时主要是从三个方面应对:装备结冰探测系统预警、装备防(除)冰系统、开展运输类飞机结冰和防冰适航验证。

1) 结冰探测系统

运输类飞机普遍装备有结冰探测系统,在飞行中如果探测到结冰气象条件,应在尽快飞离结冰空域的同时,激活作动飞机防(除)冰系统,对飞机进行结冰防护。

2) 防(除)冰系统

为了应对飞行中不可避免的结冰问题,飞机采用防(除)冰系统清除或者降低结冰的影响,运输类飞机多采用发动机引气或者电加热防冰系统。

3) 开展运输类飞机结冰和防冰适航验证

开展运输类飞机结冰和防冰适航验证是应对飞机飞行中遇到不可避免结冰危害的主要手段,包括结冰和防冰数值模拟、冰风洞试验、试飞试验等。

第 2 章　飞机结冰探测

　　飞行中探测到结冰气象条件是必要的,可以及时提醒飞行机组人员启动结冰防护系统或规避结冰条件,从而最大限度地减少或防止结冰对飞机飞行安全和性能的有害影响。

　　飞行机组人员在飞行过程中识别结冰气象条件的方法是传统的并众所周知的。飞行机组人员一般通过监控大气温度、可见湿气和特定区域的可见冰积聚来判断飞机是否正在遭遇结冰气象条件。

　　当舱外大气环境温度接近或低于冰点,环境中存在一些液态水时,可说明飞机正在遭遇结冰气象条件。云的种类及其特征(如云层范围和可能的含水量)对飞行机组人员快速预判结冰程度是非常必要的。飞行机组人员可以通过观察雨刷刮片、风挡玻璃或容易看到的厚度较薄的探头等物体上冰积聚的情况来察觉存在结冰气象条件。在晚上,结冰探测灯光有助于飞行机组人员观察冰的形成。然而,飞行机组人员的工作量往往会使其视觉监测手段难以有效实行。

　　结冰探测系统用于探测结冰气象条件。当结冰探测系统在探测到结冰条件后,会向飞行机组人员或飞机系统发出有关飞机处于导致结冰的大气条件下的信号。图 2-1 所示是结冰探测器及其机上安装示例。

图 2-1　结冰探测器及其机上安装示例

2.1　飞行中的结冰探测方法

确认飞机是否处于结冰气象条件或已发生结冰现象有两种方法，一种是依赖飞行机组人员目视观察判断，另一种是通过仪器自动探测。

2.1.1　目视观察判断

飞行机组人员通过目视查看未加热表面（如风挡雨刷刃、风挡雨刷臂、各种探头或凸起物等）可以很容易地发现结冰。同时飞行机组人员还应注意观察机翼前缘的结冰情况，然而从驾驶舱位置并不总是能够看到机翼前缘，尤其是对于夜间飞行的飞机、一些后掠翼或旋转翼飞机。在夜间应该采用灯光辅助观察冰的形成。

对固定翼飞机的目视结冰探测，一个简单而有效的改善方法如下：在机身上飞行机组人员可以很容易观察到的位置安装一个探冰杆（探冰杆应该有足够的长度能够延伸至空气和小水滴的边界层，一般探冰杆的直径为 3～7 mm、长度为 10～15 cm），图 2 - 2 所示是 A320 飞机前风挡玻璃之间的探冰杆。某些轻型飞机上采用大气温度（OAT）探头作为探冰杆。

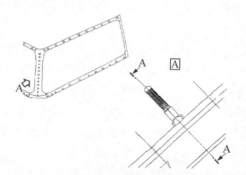

图 2 - 2　A320 飞机前风挡玻璃之间的探冰杆

2.1.2　仪器自动探测

仪器自动探测是通过结冰探测器进行结冰气象条件的检测和警示。有的结冰探测器可以检测冰的存在，而有的结冰探测器是检测水的存在。对于后者来说，需要同时提示环境空气温度，以便确定结冰条件的存在。结冰探测器检测出冰后，发出存在结冰条件的提示信号。结冰探测系统除了可以定性地探测到结冰气象条件外，还可能提供积冰的厚度、冰积聚的速率、液态水含量（LWC）、云层水滴尺寸以及结冰部位等信息。

2.2　结冰探测分类

结冰探测按其安装方式可以分为可插入气流式（探头式）和不插入气流式（平膜式）。

按照使用场所可以分为飞行中结冰探测系统和地面结冰探测系统。本书主要对飞行中结冰探测系统进行讨论。

按照结冰探测系统在飞机防冰中的作用来分，可以分为两类：咨询式结冰探测系统和主导式结冰探测系统。

对于咨询式结冰探测系统，结冰探测信号仅供飞行机组人员参考，飞行机组人员将根据目视观察结冰情况来决定是否开启结冰防护系统。对于主导式结冰探测系统，当探测到结冰条件后，结冰防护系统可自动激活，或者由飞行机组人员根据结冰告警手动激活；主导式结冰探测系统还会自动激活相关飞机系统（如结冰防护系统和失速保护系统）。

咨询式飞行结冰探测系统可为飞行机组人员提供出现了积冰或结冰条件的咨询告警。但是，大多数飞机不会将咨询式飞行结冰探测系统用作结冰条件的唯一探测方式，这主要是因为咨询式飞行结冰探测系统的判断可靠性不足。因此，飞行机组人员还应按照《飞机飞行手册》规定的程序监测飞机是否遭遇结冰条件。一般来说，咨询式飞行结冰探测系统提供结冰告警后，飞行机组人员将确认是否存在结冰条件，如果存在结冰条件则飞行机组人员应手动启动飞机结冰防护系统。飞行机组人员采用的典型结冰判断方法如下：

（1）大气总温。

（2）可见水分标准。

（3）特定区域的可见冰积聚情况，如风挡雨刷、雨刷臂或探冰杆等的结冰情况。

主导式结冰探测系统可为飞行机组人员提供飞机结冰或出现结冰条件的告警，可以用作探测飞机结冰或结冰条件的唯一方式。采用主导式结冰探测系统可以采用主导式自动操作或主导式手动操作。当采用主导式自动操作时，结冰探测系统探测到飞机结冰或结冰条件后，发出信号自动启动机体结冰防护系统，还可启动发动机进气道结冰防护系统（发动机进气道结冰防护系统的启动时间可能早于机体结冰防护系统的启动时间）。当采用主导式手动操作时，飞行机组人员根据结冰探测系统告警信号来启动结冰防护系统。主导式结冰探测系统也可向飞机其他系统提供触发信号，在必要时还可调整失速保护系统的姿态控制部分，确保飞机遭遇结冰条件时具有合适的失速保护裕量和失速特征。主导式结冰探测系统应能进行自动监测，并在结冰探测器发生故障时为飞行机组人员提供故障告警。

相较于咨询式结冰探测系统，主导式结冰探测系统具有明显的功能优势，可以显著提升结冰防护的及时性，减轻飞行机组人员的操作负担。在选用主导式结冰探测系统的情况下，飞行员无须关注外部结冰情况，无须判断飞机是否在结冰气象条件下运行。

2.3 结冰探测系统的设计

2.3.1 结冰系数的考虑

结冰探测器探测到冰存在的响应时间随传感器的设计和技术变化。由于结冰探测器的局部温度接近0℃，所以撞击探测传感器的水滴或许不会全部冻结，与表面接触后冻结的水量与表面的总收集水量的比值称为"结冰系数"。某些撞击水会以液相形式留下，或从探测器的传感器上脱落，导致结冰探测延迟。但是，在涡轮发动机进气道、升力面局部高速率区域等位置处，局部温度较低，结冰率较高。因此，存在大量冰积聚在关键表面上，但结冰探测器无法探测的情况。

设计者在飞机上安装结冰探测系统时，必须考虑结冰系数小于1的影响。局部温度远低于冰点时，结冰云中的水滴在与结冰探测传感器接触后冻结，因此，可以预测结冰探测时间。当结冰系数降至1以下后，结冰探测器的结冰探测响应时间会大幅延长。必须保证结冰探测器能在导致机身和发动机进气系统积聚不安全数量的冰的所有结冰条件下，向飞行机组人员发出结冰告警。也就是说，在飞机设计包线中的结冰条件下，结冰探测器的结冰速率应高于规定的飞机其他部件的结冰速率。还要求结冰探测响应时间被延迟时，机身、发动机系统、进气系统不会出现危险的冰积聚。目前的结冰计算程序无法得到低结冰系数下较为准确的结果，因此，必须采用冰风洞试验或进行自然结冰飞行试验，对结冰探测器装置进行较全面的评估，特别是对结冰系数小于1的情况进行评估。

2.3.2 水滴飞溅、溢流和脱落影响

设计者研究结冰探测器应考虑的其他因素包括水滴飞溅、溢流和脱落。水滴撞击表面导致其被分解成更小水滴时便发生飞溅，破碎的水滴颗粒会从撞击表面弹回气流中，水滴颗粒也会留在气流中或结冰探测器上。当撞击水滴与传感器表面接触后没有立即冻结时，可能会溢流。若水滴保持液体状态，并与表面其他水滴合并形成大水滴，则局部气流的剪切力会迫使大水滴流向下游，可能在冻结前从除冰器表面脱落。水滴飞溅、溢流和脱落时结冰系数会小于1，水滴飞溅、溢流和脱落越明显，结冰系数越小。在研究结冰探测器时必须考虑在结冰条件下发生的水滴飞溅、溢流和脱落情况的影响。

结冰探测传感器上会出现水滴飞溅或脱落现象，该现象在较大的结冰防护表面上可能不会发生。这就会使得结冰探测器推迟结冰，从而导致结冰探测器无法及时发出结冰告警信号，即使此时飞机表面上已积冰。如果结冰探测器没有探测到结冰或结冰探测被推迟，飞机表面（如机翼、水平安定面或发动机进气道）就会出现冰积聚的危险。

用结冰计算程序无法较为准确地模拟水滴飞溅和脱落已经引起的溢流情况，因

此应通过冰风洞试验研究结冰探测器的水滴飞溅、脱落和溢流特征,指导结冰探测器的设计和布置。

2.3.3　结冰探测器安装位置的考虑

飞机设计者应将结冰探测器布置、安装在合适的位置,以确保在机身或发动机进气道出现冰积聚的危险之前,能够及时、可靠地发现飞机在遭遇结冰气象条件。安装结冰探测器后,必须确保结冰探测器能在飞机防护表面出现不安全积冰前发出结冰告警。因此结冰探测器必须布置在可充分暴露于结冰条件中的机身表面上。正确的位置对确保能恰当地探测结冰是非常关键的。在确定结冰探测器布置位置时,需要对传感器的候选位置进行流场和边界层厚度分析。在不同迎角、空速、侧滑角下,用申请飞入结冰条件的飞机构型进行分析。局部流场状态(如漩涡)和边界层条件会使传感器无法对结冰条件进行适当取样。如果情况的确如此,就必须为结冰探测器寻找一个更好的位置。飞机设计者应明白,局部流场条件会产生如下结果:

(1) 阻止小粒径的水滴撞击结冰探测传感器,从而改变表面的结冰特征(水滴惯性力不足,导致无法穿透局部流场条件,从而屏蔽或遮盖传感器的位置)。

(2) 导致空速指示不正常(与自由流空速相比)。

飞机安装结冰探测器时,为了确保将结冰探测器布置在飞机上的适当位置,可以先进行计算流体力学(CFD)分析,对飞机进行三维流场模拟。首先,应检查边界层对结冰探测器结冰探测能力的影响。如果机翼或飞机其他部件不会影响结冰探测器候选位置的气流,则可将 CFD 分析限定在关心的飞机区域(如机身前部)。如果探测器位于涡轮发动机内部或附近,则应考虑推进系统的影响(例如推力变化时螺旋桨冲流、流场可能出现的变化)。其次,需要进行风洞、冰风洞和自然结冰试验,验证该安装位置是否可行。

有时,飞行机组人员在收到主导式结冰探测系统告警前已经发现结冰。发生这种情况的原因可能就是结冰探测器的布置位置不当,飞机其他部件结冰速率过高,或探测器结冰系数较低等。传感器位置不当会导致结冰探测器无法或推迟探测冰积聚或结冰条件,从而导致发生危险情况。有研究认为,结冰探测传感器位置不当会导致只能探测到大、小水滴,而中等粒度的水滴会被空气动力遮蔽,导致冰积聚无法及时被发现。

除了应将结冰探测器布置在适当位置外,还应确保传感器前部(如雷达罩)的结冰不会影响结冰探测器的性能,脱落冰不会损坏结冰探测器。同时,安装在结冰探测器前部的其他探头不得妨碍结冰探测器的性能。

2.3.4　其他考虑因素

飞机应至少设两个结冰探测系统,并且将这两个探测系统分开,确保一个结冰探测系统出现故障不会影响结冰探测。每一个结冰探测系统都应设一个独立的故障监测系统。必须证明主导式结冰探测系统在飞机设计包线规定的结冰飞行试验中的有效性。主导式结冰探测系统还应具有以下能力：

（1）在结冰防护系统有效运行前，结冰探测器的结冰或结冰条件和冰积聚告警的阈值应保证飞机能够安全飞行。具体做法是确保结冰防护系统启动前形成的冰不会构成危险，且脱落的积冰不会损伤发动机和机身。

（2）结冰探测器不得过度敏感，发出干扰性告警或引起结冰防护系统启动。干扰性告警（频繁的"开""关"转换）会让飞行机组人员忽略结冰探测器的信息。然而，结冰探测器必须具有足够的敏感度，以便在突然暴露于飞机设计包线的整个结冰条件中时能进行可靠探测。

（3）如果主导式结冰探测系统自动启动结冰防护系统会导致结构材料过热（包括让人讨厌的告警和错误告警），则应向飞行机组人员发出警报，以便他们按《飞机飞行手册》规定的程序执行结冰防护系统的关闭程序。

（4）《飞机飞行手册》必须说明主导式结冰探测系统的用途和限制，必须提供发生故障告警后的处理程序。

主导式结冰探测系统必须可靠并达到相关的要求。这意味着，发生无法探测结冰或结冰条件的综合系统故障的失效概率必须非常低。一旦主导式结冰探测系统发生故障，则必须通知飞行机组人员，这样飞行机组人员可采用其他结冰探测方法（如监测温度、大气水分和其他结冰线索）。设计者可考虑设置多个独立的结冰探测器、自动监测故障、内置自检设备和测试飞行前状态，来提高结冰探测器的有效性。

2.3.5　结冰探测信息显示

飞行机组人员可以通过多种方法获知飞机的结冰情况。可以在驾驶舱合适的位置设置一个警示灯，警示灯亮起通常用来提醒飞行机组人员需要手动开启防（除）冰系统。一些自动开启的防（除）冰系统只是向飞行机组人员报告一些防（除）冰系统的状态。飞机大多数系统的状态都是通过计算机采集然后显示在驾驶舱内的显示器或者指示灯上，结冰探测系统中出现的故障错误一般会被计算机自动采集后存储在维修记录里面，方便改进维修。

2.4　常用结冰探测器介绍

根据结冰探测方法物理原理的不同，结冰探测技术可分为机械法、光学法、热学法、电学法、波导法等几大类。

1）机械结冰探测器

机械结冰探测器有谐振结冰探测器、压差结冰探测器（又称"压力阵列结冰探测器")和阻力结冰探测器(又称"旋转圆盘结冰探测器")等。谐振结冰探测器的原理基于冰积聚于振动体表面时,系统刚度和重量的增加同时影响振动体的谐振频率,但是刚度的增加占主导作用,探测器的谐振频率随冰层增厚而增加。冰层越厚,刚度增加越快,谐振频率也就越大。谐振结冰探测器谐振频率的变化实际反映了探测器上结冰的情况。压差结冰探测器分为单传感头式和双传感头式。单传感头式的迎风面和背风面都钻有小孔,不结冰时两孔压差一定,结冰时迎风面小孔堵塞,压差变化,探测器发出结冰信号。双传感头式的两个传感头迎风面上均钻有小孔,但其中一个传感头始终被加热,在有结冰情况下其中未被加热的传感头小孔会被冰封堵,两传感头之间就产生一定的压差,探测器发出结冰信号。阻力结冰探测器是在一个平面上安装一个旋转刮板,当有冰聚集于这个表面时,刮板的转矩随之增加,在预设的转矩点,探测器发出结冰信号。通过转矩与时间关系的斜率,阻力结冰探测器还能确定结冰速率。

2) 光学结冰探测器

光学结冰探测器有摄像结冰探测器和光纤结冰探测器等。摄像结冰探测器通过观察水结冰时的自然光谱移动,把水和冰区分出来。光纤结冰探测器采用一个玻璃表面,光源发射出的光由发射光纤传输,透过玻璃表面到达探测端面。当探测端面无结冰发生时,发射光将射入空气,接收器端面基本探测不到任何发射光;当探测器表面有结冰时,光在冰层内发生反射、散射、透射、吸收等一系列作用,其中的冰层-空气界面的反射光以及在冰层内的散射光进入接收光纤,触发结冰信号。

3) 热学结冰探测器

热学结冰探测器有电流脉冲结冰探测器和恒温结冰探测器等。电流脉冲结冰探测器给其电阻加热探头输送周期性的脉冲电流,如果有冰积聚在探头上,则探头温度会在 0℃暂时停止升高,探测器会发出结冰信号。恒温结冰探测器通过测量在恒定温度下加热探头所需的功率来判断是否有冰积聚。当探头上有冰积聚时,加热探头所需的功率会有所增加。

4) 电学结冰探测器

电学结冰探测器有电桥结冰探测器、电容结冰探测器、电导结冰探测器和导纳结冰探测器等。电桥结冰探测器采用两根电阻丝,其中一根与气流平行,另一根与气流垂直,分别与一个桥臂相连。无结冰时,两根电阻丝温度一样,电阻相等,电桥处于平衡状态;进入结冰条件时,垂直电阻丝表面聚集水滴,电阻丝温度降低,电阻改变,而平行电阻丝与气流平行,阻值未发生变化,电桥平衡被破坏,探测器发出结冰信号。电容结冰探测器是在其表层一定直径范围内印制两个不同尺寸的环形电容,当有冰存在时,平面电极的电容量会发生变化,通过比较建立在两个电容上的瞬态电压,逻辑电路就可以确定冰层是否存在以及其厚度。电导结冰探测器可分为绝缘间隙式和双翼式两种,绝缘间隙式在一根圆柱形胶木棒上固定两个金属电极,电极间留有一个小间隙,进入结冰条件时,间隙中填充了水,两电极由绝缘状态变成被水膜导通状态,探测器发出结冰信号;双翼式有两个传感头,传感头之间有空气间隙,在结冰云层中飞行时,空气间隙被冰导通,探测器发出结冰信号。导纳结冰探测器采用一种陶瓷衬底圆盘形式,上面布有一系列的电极和电子线路,采用不同的激励方式激活电极,探测由此产生的与探测器表面材料的电特性相关的灵敏合成电流,当完成一系列的测量后,计算机通过处理判断出结冰状态和结冰厚度。

5) 波导结冰探测器

波导结冰探测器分为超声波结冰探测器、微波结冰探测器和声表面波结冰探测器等。超声波结冰探测器采用脉冲回波技术,包括一个脉冲发射器和一个脉冲回波接收器,发射器发送一个声波脉冲到探测器表面,接收器接收表面返回的回波;信号调节器测量激励和接收回波间的传送时间,由此判断附着冰的量。微波结冰探测器由一根安装在物体表面的微波导管构成,导管表面有绝缘层,当有冰积聚在微波导管的绝缘层表面时,微波导管的有效厚度增加,改变了它的相位常数,从而降低了它的谐振频率,通过测量谐振频率的偏移量就可算出冰层的厚度。声表面波(SAW)在传播过程中受到材料的重量密度、绝缘体特性和弹性刚度等性质的影响,其传播特性会以频移或者相变的形式发生改变。声表面波探测器对表面扰动具有很高的灵敏度。这种探测器由天线发射电磁波,由与声表面波装置相连的天线接收,随后这种电磁波被转换成声波,并被转发给接收系统,再由接收系统转化为结冰信号输出。

下面对几种具体的结冰探测器予以介绍。

2.4.1 热敏线缆结冰探测器

热敏线缆结冰探测器(即电流脉冲结冰探测器)的工作原理基于从冰到液态水的转变是在恒定的温度下发生的物理现象。通常,探测器由镍或镍合金热敏线缆缠绕在顶杆上,暴露在气流中。导线受到周期性电流脉冲的作用而发热。如果导线上没有冰,那么随着导线升温,电阻值将随时间线性变化。如果导线上有冰积聚,则导线的温度将保持在冰的熔点不变,导线的电阻值将持续不变。当所有的冰都变成水后,导线的电阻值又会开始增加。冰熔点处的电阻持续不变被电子设备感知到,并由电子设备发出结冰信号。这种类型的探测器可以探测小到 0.005 in(0.13 mm)的冰积聚,但由于其设计技术,无法区分探测器上的结冰厚度。图 2-3 所示是一种用于机身安装的热敏线缆结冰探测器。

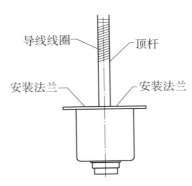

图 2 - 3　热敏线缆结冰探测器

2.4.2　谐振结冰探测器

　　谐振结冰探测器是利用结冰能改变振动体振动频率这一原理对结冰进行探测的。两种典型的谐振结冰探测器为磁致伸缩结冰传感器和平膜式结冰传感器。

　　铁磁性物质随着磁场的变化沿着磁化方向发生微量的伸长和缩短，这种现象称为"磁致伸缩效应"。当外加磁场为交变磁场时，材料就会发生反复伸长与缩短，从而发生振动。磁致伸缩结冰传感器是基于磁致伸缩材料的振动特性设计的，振动体采用振管形式。当振管垂直立于环境中时，激振电路为振管提供交变磁场，振管在磁场的作用下产生磁致伸缩做轴向振动，同时信号拾取电路将此机械振动信号转变为电信号反馈给激振电路，使电路在振管的轴向振动固有频率上谐振。当传感头上有冰形成时，根据经典力学定律，附着冰增加的重量会导致振管振动频率下降。当振管的振动频率下降到与预先设置的结冰厚度相对应的量时，结冰探测器将产生一个结冰信号，并通过撑杆和振管内部的加热器进行自动除冰，实现循环结冰探测。在美国，Rosemount 87 系列产品为主流产品（见图 2 - 4）。俄罗斯生产的一种谐振筒结冰传感器也基于此原理。国内哈尔滨工程大学研究的结冰传感器也基于磁致伸缩原理，在研究的基础上还进行了建模仿真、温度补偿等，技术也较成熟，其振管结构如图 2 - 5 所示，振管探头与传感器外壳采用一体化设计，属于插入式结构。这种传感器的特点是工作可靠、强度高、性能稳定，除能检测结冰状况外，还能够给出结冰速率（结冰强度）信号。磁致伸缩结冰探测器也有明显的不足之处：自身需要加热；外形结构使之不能齐平保形地安装于一些结冰检测的重要曲面部位（如机翼前缘、发动机进气道等）；最小检出冰层厚度相比之下还不十分灵敏（美国产品为0.49 mm，俄罗斯产品约为 0.30 mm）。

图 2-4　磁致伸缩结冰传感器示例

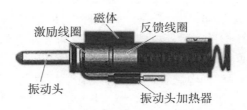

图 2-5　磁致伸缩结冰探测器振管结构

　　瑞典 Vibro-Meter 公司的平膜式结冰传感器基于固体的谐振频率随着重量和刚度的变化而改变的原理,使用一个在谐振频率振动的膜片测量结冰。传感器膜片上冰的沉积引起膜片刚度和重量的改变,刚度的增加使膜片谐振频率增加,重量增加的影响与其相反。由于结冰造成的刚度增加影响比重量增加影响大,故使得振动膜片的谐振频率增加,而当水或其他液体附着在膜片上时,重量增加但刚度不增加,谐振频率降低。因此,通过监测振动膜片的谐振频率改变,可以判断是否有冰结成及冰的厚度。对于一个直径为 8 mm 的膜片,如果考虑温度、压力等环境影响,其最大频率变化可达 150 Hz,对洁净冰的测量精度可达 0.05 mm。传感器内部含有加热电路,可以自动除冰使传感器循环利用,可以在高达 200℃的温度下工作。此装置的优点主要是体积小,结实,可以齐平地安装在机翼表面,抗环境干扰,测量精度高,测量范围大,可持久工作,并能区分冰或其他附着物。除瑞典的产品外,国内华中科技大学在吸收国外经验的基础上,自主研制出了新型平膜式结冰传感器,产品测量范围为 0~2.0 mm,测量灵敏度达 0.1 mm,响应速度快,可在−55℃~180℃的温度范围内正常工作。该结冰探测器除可以探测冰外,还集成了微型测温元件,通过智能化软件进行温度补偿,并具有弱、中、强三个级别的结冰强度告警功能,告警阈值点和阈值点增量均可由人工或系统软件设定,具有很高的应用价值。

2.4.3　阻力结冰探测器

英国 Lucas 航空公司研制的 Lucas Mk3 系列结冰探测器,由安装在可能结冰的面上的一个小型电力驱动圆筒构成,圆筒的一部分暴露在过冷的可结冰气流中。结冰现象是由一个靠近旋转圆筒运行的锐边刮刀探测的。如图 2 - 6 所示,结冰引起削刮动作导致驱动圆筒的电动机转矩增加,在预设的转矩点,传感器给出结冰信号。通过转矩与时间关系曲线的斜率,还能确定结冰速率。但是这种方法不能精确、定量地反映结冰程度,而且由于带有可动部件,其寿命较短,可靠性较低。

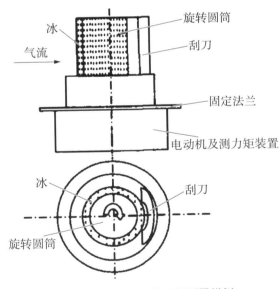

图 2 - 6　阻力结冰探测器样例

2.4.4　导纳结冰探测器

加拿大研究开发了一种利用测量表面沉积物的导纳来区分沉积物类型的结冰传感器。在通常情况下,一种材料具有两种电特性:电导率和介电常数。当在某种材料中产生一个电场时,这个电场会受到这种材料的电特性的影响,这样,在了解电场是如何产生的情况下,通过对一些特定点的电场进行测量,就可以获得这种材料的特性。传感器采用的是一种陶瓷衬底圆盘形式,上面布有一系列的电极和电子线路,可以齐平地安装在飞机表面上。

传感器的工作过程是采用不同的激励方式激活电极,探测由此产生的与传感器表面材料的电特性相关的灵敏合成电流,当完成一系列的测量后,通过计算机处理得到这种材料的类型和厚度信息。由于传感器采用多重激励方式,因此它可以测量和区分分层材料,还可以判断防冰剂和除冰液是否失效。根据实验结果,这种传感器最大测量冰厚可达 5 mm,并可以区分蓬松的雪、冰和防冰液等不同物质。传感器的圆盘表面温度能保持与周围机翼表面温度相差 0.1℃以内,因此可以消除外界环境的影响。导纳结冰探测系统需要预先知道各种材料的电特性,以及不同堆积物在不同厚度下的电信号信息,将其存储在数据库中。

2.4.5　光纤结冰探测器

2003 年,英国科技人员首次成功开发了一种光纤结冰探测器。这个探测器采用一个玻璃表面,如图 2-7 所示。光源发射出红外光,由发射光纤传输,透过玻璃表面到达探测面。当探测头端面没有结冰时,发射光射入空气,接收器端面基本探测不到任何发射光。当探测头端面有冰结成时,光在冰层内发生反射、散射、透射、吸收等一系列作用,其中的冰层-空气界面的反射光以及在冰层内的散射光经过玻璃表面进入接收光纤。接收光纤末端接有光电二极管及信号处理电路,通过检测接收光信号的强度及变化趋势,结合不同冰型的特性,能达到测量冰厚和区分冰型的目的。

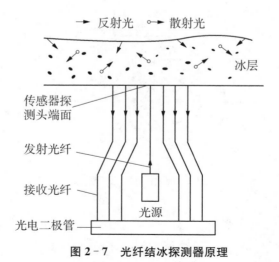

图 2-7　光纤结冰探测器原理

在冰层较薄时反射光是光信号的主要来源,随着冰的厚度增加,底层散射光变成光信号的主要来源。明冰比较透明,因此在明冰内传输的光发生散射和反射的比较少,40%~50%的光射出冰体,不能被接收光纤接收到,只有少部分进入接收光纤。而毛冰呈霜状,光在其中主要是散射,透射光少,随着冰厚增加,被接收光纤接收到的光信号增加。

光纤结冰探测器属于典型的平膜式探测器。基于光在不同冰型中传播时的不同光学特性,这种探测器除了能测量水、冰外,还能区分不同的冰型。光纤结冰探测器可测量 $100\,\mu m$ 至几毫米的冰厚,最小检出冰厚比其他探测器小好几倍。它还具有重量较小的优点(不超过 $200\,g$),目前设计出的探测器原型直径为 $25\,mm$,科研人员正在做进一步的努力,期望能在保持同等灵敏度的基础上使尺寸减小一半。光纤结冰探测器系统尺寸较小,且是非有源系统,可以布置在机翼的一些敏感、危险区域,并可用于旋翼飞机上。光纤结冰探测器具有探头尺寸小,可以齐平安装在机翼表面,具有很强的抗干扰能力及信号传输性能好等一系列优点。动态条件下结成的冰与静态条件下结成的冰不同,探测器需要安装在机翼的前缘或者旋翼飞机的旋翼上,要求其在尽可能轻的同时还要能经受极大的温度变化和磨损。

2.4.6　摄像结冰探测器

美国奥兰多 FMC 飞机公司研制了一种摄像结冰探测系统,它由照相机、图像处理器和视频监控器组成。由于水和冰的光谱信号(反射光谱)在不可见光谱段内是不同的,因此通过观察水结冰时的自然光谱移动,就可以把水和冰区分出来。照相机拍摄外部机翼表面的图像,经过图像处理器转换后,在显示屏上以伪彩色视频图形形式显示,其中的结冰区域用不同的颜色高亮显示出来。在系统与成像阵列间装有特殊的滤光器,以接收需要的光谱段内的光。由电子采样图形上的点可以获得反射能量的比率,根据不同比率,可以判定需要高亮显示的区域并将其显示出来,从而达到探测冰的目的。冰层内部折射反射光路如图 2-8 所示。

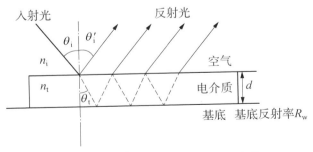

图 2-8　冰层内部折射反射光路图

此外,美国还有一种机载红外摄像机翼结冰探测系统,采用基于硅CCD成像技术,利用近红外光谱光直接照射机翼表面,物体表面反射红外光,并由硅CCD照相机探测,在驾驶舱内安装的液晶屏上显示成黑白的影像。图2-9描述了水介质和冰介质的相对反射率与波长的关系。加拿大SPAR航空航天系统公司在加拿大运输部的支持下也在做此方法的研究,其结冰探测系统由特殊的红外摄像机、照明系统、图像处理器和操作工作站组成,其中的照明系统是为了保证探测器在下雨或风雪天气的夜晚也能正常工作。红外摄像机工作在几个不同的光谱段内,探测机翼表面反射的红外辐射。图像处理器处理拍摄的图像后,提取相关的信息送入工作站。工作站把相关信息反馈给操作人员,以控制修正红外摄像机的操作。这个系统可以探测到0.2 mm厚的冰,不仅能从防冰液、除冰液及雨水中区分冰,还能探测水层、除冰液层下的冰,并可能区分出附着的冰和非附着的半融冰。这个系统还有一个优点,它不仅能探测冰及估算冰厚,还能监测防冰液是否失效。

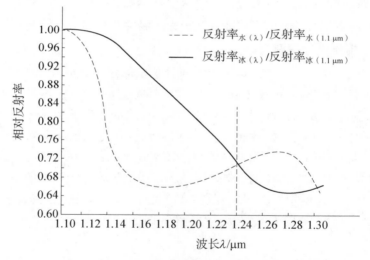

图2-9 水介质和冰介质的相对反射率与波长的关系

2.4.7 红外阻断结冰探测器

红外阻断结冰探测器通常采用探针型,固定安装在机身外。图2-10所示为红外阻断基本原理。当探测器探头没有结冰时,红外线发生器发射的红外线可以直接被接收器接收,此时接收器不输出电压;当探测器探头结冰时,红外线发射器发射的红外线会被阻断,随着结冰厚度的增加,接收器接收到的红外线逐渐减少,使输出电压逐渐增加。

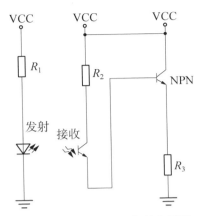

图 2 - 10　红外阻断基本原理

　　接收器输出的电压与接收到的红外线量成反比。可以看到,当冰厚增加到一定值时,红外线被全部阻挡,此时输出电压达到最大值,引发冰探头内部加热器工作进行除冰;冰被除去后,输出电压变低。探测器工作在结冰条件下时,探头反复进行结冰—除冰操作,输出电压会循环变化,结冰速率越高,电压变化也越快,变化周期越短。通过记录电压变化曲线,可以得到结冰速率信息。另外,其壁面装有一圈喷嘴,利用压缩空气来引射,可以使冰探头内气流速度一定,保证测量的稳定性。图 2 - 11所示是红外阻断结冰探测器的外形。

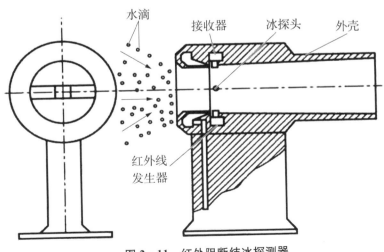

图 2 - 11　红外阻断结冰探测器

　　尽管如此,飞机飞行速度对冰探头内气流速度还是有影响的,从而造成一定的测量误差,因此其工作环境还受到飞行速度的限制。这种探测器可用于旋翼飞机,在悬停状态下测量结果比较精确;在小飞行速度下具有一定的精度,而且在必要时,可以指示结冰程度(轻度、中度或严重结冰)。

2.4.8　射线阻断结冰探测器

射线阻断结冰探测器的工作方式与光束型装置相似,其工作原理如图 2-12 所示。射线阻断结冰探测器的主要缺点是需要一个放射源,通常是锶-90。探测器使用一种探针形式,探针上有发射源,探针结冰会使接收到的射线粒子减少,产生结冰信号。这种探测器能够探测到 0.015 in(0.38 mm)厚的冰。

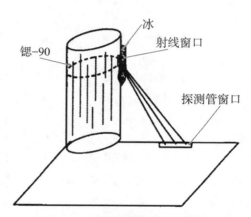

图 2-12　射线阻断结冰探测器原理

射线阻断结冰探测器具有较高的灵敏度,在冰层厚度达到(0.3±0.1)mm 时,就能发出结冰信号,目前仍在许多型号的飞机上使用。但由于放射性同位素会污染环境以及运输、储存等方面的原因,目前有禁用这种结冰探测器的呼声,它正逐渐被更先进、无污染的结冰探测器所取代。

2.4.9　红外温度测量结冰探测器

美国某设备公司生产了一种枪式红外温度测量结冰探测器。通过探测温度来分析结冰信息。这种探测器工作需要被探测表面有两个不同的铝金属平面,一个涂色,一个不涂色,且两者相距非常近,通过测量这两个区域获得温度差,进而分析结冰情况。此探测器基于所有固体的温度在绝对零度以上时都会反射红外能量的原理。没有结冰时,系统感应的空气红外能量与不涂色铝表面反射的能量一样,此区域测得的温度是空气温度;涂色表面在红外区域不反射能量,因此探测到的能量是由涂色表面发射的,测得的温度是表面温度。无冰情况下从这两个区域获得的是不同的温度,一般温度差大于 12℃。有冰时,由于不涂色铝表面也不反射红外信号(此区域获得的温度也是反射表面的温度),因此从两个铝表面获得的温度读数应该是相近的。由测量得到结冰时的温度差值较小，接近 15℃，且两者温度都低于 0℃。通过比较温度差值，即可以判断被测表面是否有冰积聚。红外温度测量结冰探测器目前常用于地面飞机结冰探测。美国公布了一项基于类似原理的飞行结冰探测器专利(专利号 US5313202)，具体做法如下：用一台长波红外敏感仪的小视场扫描整个机翼，在结冰的情况下，机翼低于冻结温度，但由于水结成冰时会释放出热量，在结冰的区域温度相对较高，信号的波形可以指出结冰发生在哪一个部位。该系统特别适用于诸如旋翼之类的运动桨叶的结冰探测。

2.4.10　神经网络算法结冰探测

2000 年以来，美国伊利诺伊大学结冰中心提出了一种附加有结冰管理系统(IMS)的结冰探测方法。IMS 的性能主要依赖于对飞机结冰情况的准确识别(如冰的积聚、结冰位置、结冰严重程度等)。基于传感器数据和参量估算的飞机飞行动力学特性降低描述的神经网络系统(NNS)构成了 IMS 技术的核心。结冰引起的飞机飞行动力学参量的改变，是飞机结冰 NNS 识别的基础。这些发生变化的参量作为 NNS 的输入信号，对于 NNS 的正确识别是至关重要的。在充分考虑干扰及测量噪声影响、建立适当的飞机动力学模型、选用恰当的识别算法等基础上，就能获得满意的动力学参量识别系统。目前有一种包括无量纲纵、横向飞行动力学导数参量识别的传感器综合神经网络系统，在这种最新的识别系统中，包括全飞行动力学(纵向及横向运动)无量纲导数识别，参量识别算法也被改进为可提供无量纲导数，以便识别算法能从配平估算分离；而且，纵、横向运动都被考虑使得可以区别出纵向结冰影响(如平尾失速)和横向结冰影响(如滚转翻倒)等。飞机结冰 NNS 识别的根本目标不仅是提供结冰严重程度及结冰部位描述，而且是提供飞行操纵自适应及包线保护信息。飞机结冰 NNS 识别技术已经取得很大进展，正向着功能更齐全、识别精度更高的方向迈进。

2.5　过冷大水滴结冰探测

美国专利 US6269320B1 描述了一种过冷大水滴结冰探测器，气流通过探测器中的气流通道进入，并在探头前端形成气流漩涡。若水滴较小，则其重量较小，惯性较小，就不能突破气流漩涡，只有大水滴才能突破气流漩涡打到传感器探头上。美国专利 US03002410A1 基于类似原理，图 2 - 13(a)所示为探测器外形，图 2 - 13(b)为水滴撞击示意图。特殊导流装置使得流动气体在空气出口(2)处形成气流漩涡。惯性小的小水滴不能穿过空气出口(2)的气流漩涡而越过探头(1)。当大水滴流向该装置时，由于水滴惯性大，将穿过气流漩涡撞击到探头上，因而可通过探头(1)上的结冰状态来检测过冷大水滴结冰。基于水滴轨迹检测方法可用于识别过冷大水滴结冰条件，但文献中尚没有涉及探头冻结系数过小的问题。

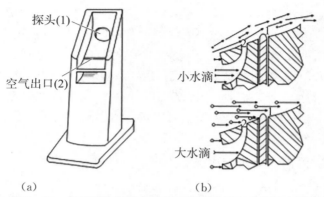

图 2-13　气流涡旋过冷大水滴探测器外形和水滴撞击示意图
（a）探测器外形图　（b）水滴撞击图

　　美国专利 US20020158768A1 介绍了另一种过冷大水滴结冰探测器,其基本设计思想如下:探测器收集各种粒径的水滴,利用不同粒径水滴的惯性差别,在探测器上设计特殊的导流结构,使得不同粒径的水滴撞击到不同的探头上结冰,通过不同探头的反馈信号区分过冷大水滴结冰和常规结冰。美国专利 US20130175396A1 和 US20130240672A1 提出了基于激光的过冷大水滴结冰探测方法,该方法将飞机大致划分为可能发生过冷大水滴结冰和常规结冰的两块区域,分别设置激光结冰传感器进行检测,以实现对过冷大水滴结冰和常规结冰的探测。

　　我国华中科技大学设计了一种光纤式双梭形过冷大水滴结冰探测器,能够使常规结冰和过冷大水滴结冰发生在探测器的不同部位,从而区分出两种不同的结冰情况。采用双梭形探头的设计思路是依据边界层中的黏性力上升原理,增大常规水滴在探头特定区域周围理想绕流的边界层厚度,同时使过冷大水滴能够撞击探头特定区域,以此区分常规水滴与过冷大水滴。双梭形探头如图 2-14 所示。通过光纤结冰传感器获取探头上多个区域的结冰信息,并以此为依据判断当前的结冰气象条件。光纤结冰传感器布置区域主要如下:探头前端的斜面 A 区域用以判断当前流场中是否存在过冷水滴,探头尾端的斜面 B 区域用以感知是否有过冷大水滴撞击的情况。

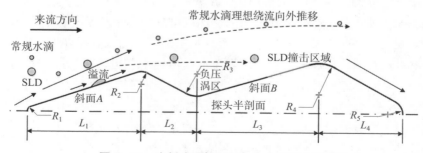

图 2-14　光纤式双梭形过冷大水滴结冰探测器

2.6　结冰条件测量仪器介绍

在自然结冰条件、冰风洞、空中模拟结冰条件下开展试验或试飞,有必要对液态水含量(LWC)和水滴大小等参数进行测量。下面介绍一种液态水含量和水滴直径组合探测仪——云组合探测仪(CCP)。

云组合探测仪(见图 2-15)将液态水含量、水滴直径、大气温度、大气压力和飞行速度等测量系统集成在一起,是一款通用式、简单易用的云探测器。

图 2-15　云组合探测仪

云组合探测仪提供以下数据:

(1) 气溶胶粒子和云中 $2\sim50\ \mu m$ 水汽凝结体粒径分布。

(2) $25\sim1\,550\ \mu m$ 降水粒径分布。

(3) $0.05\sim3\ g/m^3$ 液态水含量。

(4) 飞机的速度。

(5) 大气温度和压力。

云组合探测仪包含三个 DMT 设备,分别为云成像仪(CIP)、云滴探测仪(CDP)和 Hotwire 液态水含量传感器(Hotwire LWC)。

CIP 用来测量大颗粒,操作如下:粒子通过准直激光束的阴影图像投射到一个线性阵列的 64 个光电探测器上,粒子的存在是通过每个二极管上光级的变化来记录的,光检测器记录变化的存储速率与探测器速度和仪器尺寸分辨率。粒子图像是由单个“切片”重建的,一个切片是一个给定时刻的 64 元线性阵列的状态。每隔一段时间就必须存储一个切片,粒子在光束中前进的距离等于探头的分辨率。可选的灰度成像在每个光电探测器上提供三层阴影记录,允许记录更详细的粒子信息。

CDP 用来测量小颗粒,它依赖光散射而不是成像技术。粒子散射光来自入射激光,CDP 会聚焦粒子散射光到电探测器内,这个光被测量后用以推断粒子的大小。

Hotwire LWC 使用加热传感线圈来估计液体水的含量,系统使线圈维持在一个恒定的温度,通常为 125℃,同时测量功率对于维持温度是必要的。当水滴在线圈表面蒸发,冷却表面和周围空气时,需要更多的能量来维持温度。因此,这个功率读数可以用来估计 LWC。LWC 的设计和可选的 pads 软件都包含了一些特性,以确保 LWC 的读取不受传导热损失的影响。

该云组合探测仪可用于云粒子的研究、气候研究、飞机结冰研究、飓风和风暴研究、人工影响天气研究及工农业喷淋特性研究等。

该云组合探测仪的粒径范围为 $2\sim1\,550\,\mu m$(或 $2\sim930\,\mu m$)。CIP 的分辨率为 $15\,\mu m$,同时也可测出液态水含量、温度和相对湿度;生成 $25\sim1\,550\,\mu m$ 的二维粒子图像;带加热功能的皮托管可以测出空气速度和测量高度;提供简易的数据分析。

2.7　不同机型结冰探测系统介绍

某国产飞机采用了咨询式结冰探测系统。结冰探测器采用磁致伸缩原理,探头在激励线圈产生的磁场中保持一个固有的响应频率,通过反馈线圈测量探头的响应频率。探头通过支撑结构暴露在结冰条件下,随着结冰重量的增加,探头的响应频率产生偏移,当振动频率减少到预设值时,激发结冰告警信号,同时结冰探测器的支撑结构和探头开始电除冰,进入下一个结冰探测循环。

波音 787 飞机采用了主导式结冰探测系统,自带集成的电加热组件。主导式结冰探测系统探测并判断外界是否出现可能结冰条件,并输出信号自动激活发动机进气整流罩防冰系统和机翼防冰系统。

第 3 章　飞机结冰防护技术

3.1　结冰防护概述

　　飞机在预期自然结冰条件下飞行时,图 3-1 所示的区域或部件可能需要进行结冰防护。

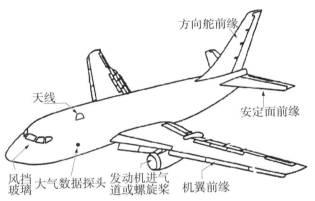

图 3-1　飞机可能需要进行结冰防护的区域

　　早在第二次世界大战之前已开始进行飞机飞行过程中的结冰研究,并设计出了多种结冰防护方法。

　　根据结冰防护(ice protection)是否允许在防护表面出现结冰,结冰防护系统可以分为防冰系统(anti-ice system)和除冰系统(de-ice system)。防冰系统通过周期性或持续地工作防止结冰防护表面积冰;除冰系统允许在飞机结冰防护表面结少量的冰,然后周期性地将防护表面上的冰清除。

　　结冰过程是一个物理过程(如第 1 章所述),相应地,一般采用物理方法进行结冰防护。根据所采用物理方法的原理不同,结冰防护技术可以分为 4 类。

　　(1)热结冰防护(热气加热或电加热),利用热能进行结冰防护。用热能对防护表面进行加热,将撞击到防护表面的过冷水滴或积冰加热到冰点以上来达到防(除)冰目的。

(2)液体结冰防护。将冰点很低的防冰液喷在易于结冰的部位,使撞击水滴的冰点降至低于周围环境温度从而避免结冰或使冰融化。

(3)机械除冰(充气囊、电冲击及记忆合金等),利用机械能进行除冰。用机械、气动和记忆合金材料变形等产生的机械能,将积冰分裂成冰块,借助气动力的作用使积冰与防护表面脱离。

(4)表面涂层防冰。在飞机部件表面采用防结冰材料来避免结冰。

3.2　热结冰防护

目前最有效的结冰防护方法是利用热能。在现代飞行器上,广泛地采用热结冰防护系统,通过加热表面,使飞机表面温度超过 0℃,以达到防冰或除冰的目的。其热源主要有两种:电加热和热气。此外,还可以利用来自飞机环控系统、燃油系统、滑油系统等的废热来进行结冰防护,实现能量的综合利用。

对需要结冰防护的表面进行连续加热,使其温度高于 0℃,从而不发生结冰。对于飞机的尾翼、旋翼飞机的旋翼等结冰防护需热量大的部件,一般采用周期性电热除冰,周期性除冰可以大大地降低系统的总功率、节省能量。

3.2.1　热防冰系统

热防冰系统工作时,撞击在飞机表面的水沿表面流动,由于防冰表面温度比周围环境温度高,因此防冰表面的水会不断蒸发。根据在热防护区后端是否存在溢流水,可将热防冰系统分为两类:完全蒸发防冰系统(干防冰系统)和不完全蒸发防冰系统(湿防冰系统)。完全蒸发防冰系统要求防护表面的液态水完全蒸发,这可防止形成后流冰。不完全蒸发防冰系统仅仅把防护表面加热到高于冰点,使得防护表面不形成固态冰,允许撞击水滴在被保护表面上流动而不结冰,不要求防护表面上的液态水完全蒸发。不完全蒸发防冰系统可以蒸发掉一部分撞击到防护表面的水滴,可能形成后流冰。相对于不完全蒸发防冰,完全蒸发防冰需要更多的能量。

如果表面温度较高,加热区足够大,所供给的热量足以把表面所积聚的水全部蒸发,则不会存在溢流水。如果供给的热量不足以把所有的水蒸发掉,则会存在溢流水,溢流水可能在加热区后面冻结形成后流冰。

完全蒸发防冰系统不会形成后流冰,从防冰特性上来说当然是最理想的,但由于它所需的能量比不完全蒸发防冰系统大,因此目前只用于少数不允许形成后流冰的部件。大多数防冰区域和部件会采用不完全蒸发防冰系统。不完全蒸发防冰系统所需的加热功率比完全蒸发防冰系统小得多,但需要对后流冰进行评估。

一般由发动机为热防冰提供能量。若热防冰系统消耗较大的能量,可能会导致飞机有效推力和飞机性能显著下降。特别地,蒸发防冰所需的推力水平可能不允许飞机使用正常程序下降。如果发动机没有足够的热量,则蒸发防冰可能难以实现预期的完全蒸发,可能出现后流冰。

不完全蒸发防冰系统所形成的后流冰厚度与结冰状态有关,在轻度或者中度结冰条件下,会形成少量后流冰,甚至可能不会形成后流冰。

对于典型的民机机翼结冰防护区域,可以采用上翼面完全蒸发防冰与下翼面不完全蒸发防冰相结合的防冰模式。若上翼面采用不完全蒸发防冰模式,则会在机翼上表面形成后流冰脊,将会严重影响飞机气动性能,因此一般上翼面进行完全蒸发防冰。机翼下表面出现后流冰对飞机的气动性能影响相对较小,因此机翼下表面可以考虑进行不完全蒸发防冰。

3.2.2　热除冰系统

热除冰系统允许在飞机表面形成一定量的冰,当冰层达到一定厚度时,热除冰系统对防护表面进行加热,破坏冰层与飞机表面的结合力,将防护表面上所结的冰层清除掉。热除冰系统通常采用周期性的工作模式。

热除冰系统允许在飞机飞行过程中有积冰产生。热除冰系统工作时在短时间内施加高热流输入,这要比在长时间内施加的低热流输入更节省能量,因为低热流输入的传热损失较多。热除冰系统周期性地工作,将积冰除去,每次工作时间不宜过长,否则会使冰融化成的水流到其他部位再冻结。在加热产生冰层脱落效果后,要立即停止加热,从而最大限度地避免后流冰的形成。

热除冰工作周期的选择需要结合实际飞行情况,在冰层积累到一定厚度之前手动或自动控制热除冰系统开始工作。对于电热除冰系统,飞机表面不同区域的电热除冰需要分批次而不是同时进行,以此来减小电路的工作负荷,使电除冰系统在一个稳定的条件下工作。

对于防护面积较大的热除冰系统,如无后掠角或后掠角较小的机翼前缘,在加热时虽然与防护表面接触的冰层已经融化,但在气动力作用下,外层的冰壳会紧紧地压向表面,冰仍然不能被气流吹走。对于这样的防护表面,往往会在表面装有条状加热装置(或称为“热刀”“分割带”),通过这种条状加热装置的连续工作来对冰层进行切割,形成易于被气流剥离和吹走的小冰块,以保证除冰效果。

对于旋翼、螺旋桨等部件,由于转动时离心力的作用很容易把冰除掉,因此可以不用设置条状加热装置,仅对整个防护表面进行加热即可。

为了节约能源,热除冰系统往往采用周期性加热除冰。周期性加热除冰的特点是在加热时只要求底部冰层融化,即防护表面温度必须大于 $0\,℃$,而无须将冰层整体融化。外界大气温度对除冰系统的工作情况影响很大。在周期性热除冰装置设计中,选择设计温度是很重要的因素。

3.2.3　热气结冰防护系统

热气结冰防护系统利用热气将飞机防护表面或部件加热,以达到结冰防护的目的。活塞式发动机多采用燃油加温器等加热冲压空气作为热气源,喷气式发动机一般从发动机的压气机内引气作为热气源。热气通过供气管路分配到需要除冰的各个部件,经过热量交换破坏冰层与蒙皮间的黏附强度,最后冰层在气动力与惯性力作用下从飞机上脱落。由于蒙皮的热惯性大,因此该系统不适用于周期性加热,而多采用连续加热方式。

热气结冰防护系统使用加热气体对结冰防护表面进行加热,以防止防护表面结冰并清除已形成的冰。热气被输送到需要结冰防护的部位,然后通过管路将热量分配到防护表面,从而最大限度地利用可用的热量。一般在机翼前缘、尾翼前缘和发动机进气道的结冰防护区域可以考虑采用热气进行结冰防护,有的飞机风挡玻璃也采用热气进行结冰防护,如图 3-2 所示。

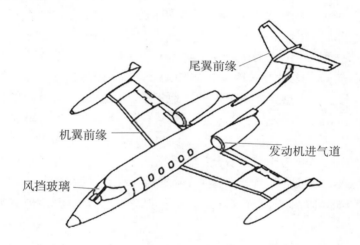

图 3-2　一般可采用热气结冰防护的区域或设备

图 3-3 是飞机热气结冰防护系统组成部分示意图,热气结冰防护系统的主要组成部分如下:

(1) 热气源。

(2) 热气的温度和/或压力控制。

(3) 将热气输送到所需区域的管路(绝缘或非绝缘)。

(4) 防护表面的气体分配设备(如双层皮管、短笛管)。

(5) 加热表面的温度和/或压力控制。

(6) 气源和/或空气分配区域的控制装置(手动或自动)。

（7）驾驶舱面板上向飞行机组人员提示系统运行情况的指示装置（如警示灯、蒙皮温度指示器、压力表）。

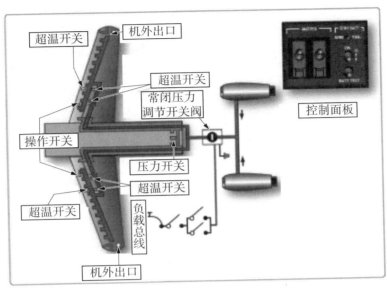

图 3 - 3　飞机热气结冰防护系统组成

热气结冰防护所用的热气源因动力装置的类型而异，一般有三种热气源可供考虑，它们可以单独使用或者组合使用。

（1）发动机压气机引气。在涡轮喷气发动机和涡轮螺旋桨发动机中，热气可以直接从压气机排气或位于排气系统中的热交换器获得。一般用于涡轮喷气飞机或涡轮螺旋桨飞机。

（2）发动机排气热回收，一般用于由活塞驱动的发动机。在活塞发动机飞机上采用发动机排气热交换器产生热气。热交换器的热气流是发动机的废燃气，冷气流来自外界大气。大气流经热交换器被加热后送入结冰防护系统作为热气源。

（3）燃烧加热器。在早期有些飞机上采用专门的燃烧加热器提供热气。燃烧加热器通过燃油的燃烧，外界空气流过燃烧加热器后被加热，然后被输送到结冰防护系统。燃烧加热器既可用于活塞发动机，也可用于涡轮发动机。

热气结冰防护系统分为完全蒸发系统和不完全蒸发系统。完全蒸发系统提供足够的热量来蒸发所有撞击加热表面的水滴。不完全蒸发系统只提供足够的热量以防止加热表面结冰。未蒸发的水可能会在不完全蒸发系统的加热表面之外冻结（通常称为"后流冰"）。因此，不完全蒸发系统必须谨慎设计，以防止在关键位置结冰。通常热气结冰防护系统保护的区域是发动机进气道、机翼前缘和尾翼前缘。从根本上说，热气被集合到飞机的各个部分。热气通常被引入靠近驻点的防护表面，并通过气体通道沿弦向流动到出口。排气口通常设计在一个非关键的位置。

以机翼前缘热气结冰防护为例,机翼前缘一般有两种形式:单层前缘和双层前缘,如图3-4所示。

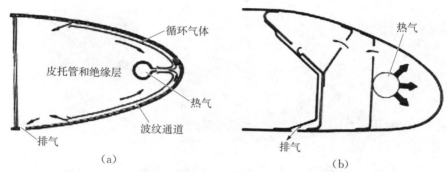

图3-4　机翼前缘(单层)和机翼前缘(双层)热气结冰防护示意图

(a) 单层　(b) 双层

热气结冰防护系统的作用是向冰表面施加足够的热量,使冰的结合层融化,然后通过气动力或离心力将冰块清除。大的除冰区域通常需要由弦向和展向的条状加热装置连续加热,将其分割成小的除冰区域,如图3-5所示。热气通过风管从热气源输送到开口部分。对于每个开口部分,热气连续地供应到条状加热装置,周期性地供应到除冰管路。由阀门控制热气流到不同的除冰部分,应能使得机翼前缘的剩余积冰尽可能对称。

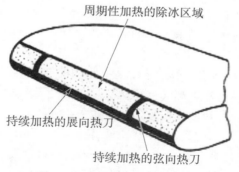

图3-5　大的除冰区域分割示意图

在某些飞机上,水平和/或垂直稳定器的结冰在飞行过程中不会造成难以接受的影响,但须在着陆前清除积冰(以避免增加着陆速度)。对于这种情况可以采用"一次"尾翼除冰,仅在下降或进近阶段才可能会进行一次除冰操作。在进行"一次"尾翼除冰时,施加一个单一的除冰周期,使积聚的冰脱落。在遇到结冰条件的过程中,有时会将"一次"尾翼除冰系统的热刀设计成持续加热,以利于在下降过程中完成除冰。

从发动机引出热气,经过管路到达机翼等结冰防护区(蒙皮)内部,经过管路上的小孔被喷射到结冰防护区的内表面上,热量通过蒙皮传导到其外表面上并保持外表面温度在结冰温度以上,从而防止在这些部位产生积冰。

典型的机翼热气结冰防护系统如图 3-6 所示,由发动机压气机引出的热气经过流量限制器及单向活门。机翼防冰活门打开时,热气进入机翼的集气管,由此管壁上的孔喷入机翼前缘防冰腔。单向活门的作用是在某台发动机损坏时,避免高压气流向发动机倒流。流量限制器的作用是限制进入结冰防护系统的空气流量,以免过量空气流入防冰腔而严重影响发动机的性能。发动机防冰活门是用来接通发动机防冰的装置。

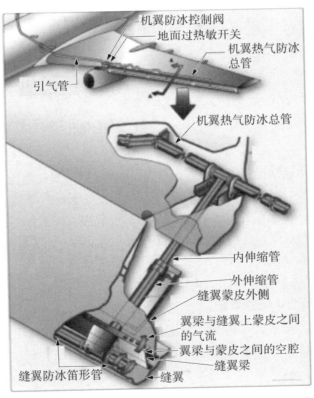

图 3-6　机翼热气结冰防护系统

热气流进机翼的防冰腔后,沿前缘的通道流动,热气在沿通道的流动过程中,把热量传给蒙皮,使结冰防护表面的温度达到一定值,从而保证飞机表面不结冰。前缘防冰腔的结构形式对结冰防护的效果影响很大。热气在防冰腔内流动时,热气与蒙皮间的热交换情况应良好，即热气与防冰通道间的对流换热系数要大，防冰腔向外的传热面积要尽可能大。热气防冰腔结构形式多样，典型的热气防冰腔如图3-7所示。

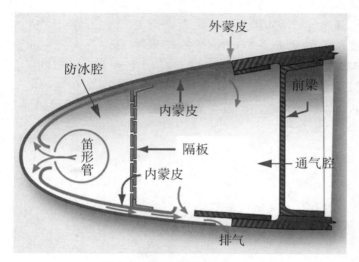

图3-7 热气防冰腔典型结构

热气结冰防护系统的优点在于维护简单，工作可靠。不足之处是发动机引气会降低发动机的功效，增加了燃耗，且热利用率很低。安全操作要求必须控制加热气体的压力和温度。对于在潜在火灾区域的管路，引气温度一般保持在230℃以下，这与喷气燃料的自燃极限是兼容的。压力也被限制在50 psi① 以下，以减少管路破裂的可能性，并减轻下游管路和部件的重量。为保证系统在结冰条件下的高派遣可靠性，并确保系统的安全运行，通常采用冗余热气源。

3.2.4 电热结冰防护系统

电热结冰防护技术就是将电能转化为热能，再加热飞机部件以达到结冰防护的目的。电热结冰防护表面（如蒙皮、风挡玻璃）一般采用多层复合结构，电加热片嵌入防护表面结构。电热结冰防护系统通常用于热气结冰防护系统难以涉及的部位，如推进器、机身头锥、螺旋桨等，如图3-8所示。电热结冰防护系统既可以连续也可以周期性加热。有的电热结冰防护系统不允许在地面进行工作，在空中才允许通电加热；有的电热结冰防护系统在地面上时进行小功率加热，在空中进行正常加热。

---

① 1 psi≈6.895×10³ Pa。

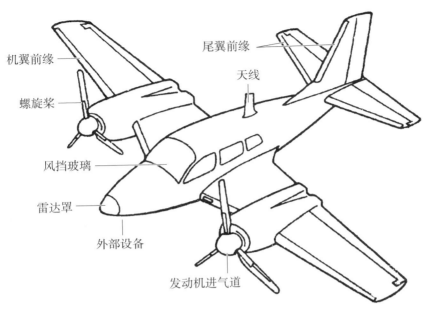

图 3 - 8　一般可采用电热结冰防护系统的区域或设备

电热结冰防护系统是通过向加热元件通电而产生热量进行防冰的。电热防冰系统在工作时,加热部件产生的热量传递到飞机表面需要防冰的区域,保证区域内温度高于水的结冰温度,防止撞击在这片区域上的水结冰;电热除冰系统在工作时将热量传递给已经结冰的飞机表面,让冰层与飞机接触的部分融化以使冰层脱落。

电热结冰防护系统的主要组成部分如下:

(1) 电源。

(2) 将能量分配到待加热表面的线缆系统。

(3) 防冰或除冰区域的电阻加热器。

(4) 防冰或除冰区域的温度传感器。

(5) 手动或自动控制装置。

(6) 安装在驾驶舱面板上使飞行机组人员了解系统运行情况的指示装置(如警示灯、表面温度指示器、结冰状况告警、功耗等)。

电热结冰防护系统普遍用于现有飞机。电热结冰防护系统由电阻加热元件(箔、薄膜、电阻丝、网等)来加热,电阻加热元件的铺设一般有两种方式,一种是将柔性的包裹式加热垫用胶黏剂粘在结构上,加热垫相当薄,不会明显影响飞机的性能;另一种是将加热元件模压在结构内层(如风挡玻璃的内层),这种方式不会造成气动性能损失。为加热垫提供电力的电线需要很少的空间,通常可以通过结构内现有的通道满足。

一般在地面上禁止开启电加热系统或者设置在低功率模式,在空中(自动或手动)切换到正常工作模式。电热结冰防护系统一般需要设置过热保护装置,以防止电热结冰防护系统意外启动或出现过热时烧坏加热元件。加热元件的安装和布置应考虑防水措施,以避免有水侵入后导致加热元件短路,造成加热元件或结构损坏。

以风挡玻璃加热系统为例。在全天候条件下运行的飞机,其前风挡玻璃面板通常提供结冰防护。目前风挡玻璃防冰普遍使用的是电热防冰系统,图3-9是电热防冰风挡玻璃的示意图。透明加热膜或加热电阻丝铺设在多层风挡玻璃中,加热膜通电后产生热量,热量通过风挡玻璃加热系统传导到风挡玻璃外表面,防止风挡玻璃外表面结冰。来自加热膜或电阻丝的热量也可以防止风挡玻璃内表面起雾。电加热系统也可以用来保持风挡玻璃夹层(玻璃/塑料夹层)处于或接近抗鸟撞的最佳温度。

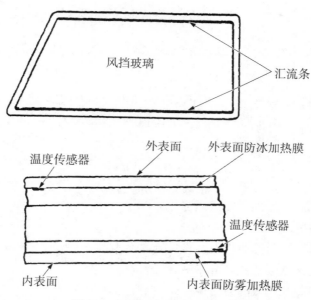

图3-9　电热防冰风挡玻璃示意图

3.3　液体结冰防护

为减小热防冰系统的能量消耗,研究人员曾提出了采用涂层、添加剂以避免防护表面结冰的物理化学防冰方法。液体结冰防护系统将防冰液喷到飞机易结冰部位表面,使其与过冷水滴混合以防止其冻结。可连续或周期性喷射防冰液到已结冰的表面,使冰形成雪泥而被气流吹掉。混合了水的防冰液会在飞行过程中蒸发或沿飞机表面流向气流后缘直到离开飞机。液体结冰防护系统多用于风挡玻璃、雷达罩、尾翼前缘外表面等部位。

早期,研究人员进行了大量尝试。其中一种防冰方法是在防护表面(机翼表面)涂一层盐。在机翼收集过冷水滴时,盐溶于水中使水的冰点下降从而避免在撒盐的防护表面结冰。盐水的冰点低于零度,可以认为是最早期的防冰液。从原理上讲,这种方法是可行的。飞机在云层或雨区飞行时,盐会大量消耗,因此需要在每次飞行前重新涂一次盐,以确保防护表面不会结冰。盐水的冰点下降空间有限,飞机在很多结冰条件下飞行时,其防冰效果也是有限的。另外,考虑到盐水对金属蒙皮有较大腐蚀等不利情况,用盐进行防冰的方法并没有得到实际应用。

随着技术的发展,研究人员发现除氯化钠外,乙醇(ethyl alcohol,俗称"酒精")、乙二醇(ethylene glycol)、丙二醇(propylene glycol)、二乙二醇(diethylene glycol,俗称"二甘醇")等几种化学物质与水混合时也可以降低水的冰点。液体结冰防护系统已经在俄罗斯直升机、英国商务机和美国通用航空飞机等多种飞机上得到不同程度的成功应用。液体结冰防护系统大多应用于螺旋桨防冰,英国有飞机在机翼和尾翼表面成功地使用了液体结冰防护系统。英国民用航空管理局(CAA)已批准 HS - 125 和 Beech Duchess (BE - 76)飞机使用一种名为 TKS 的液体结冰防护系统在已知的结冰条件下飞行。此外,美国联邦航空管理局(FAA)已经批准 Cessna S550 飞机采用 TKS 液体结冰防护系统。

3.3.1　常用防冰液介绍

飞机飞行中最常用的防冰液是乙二醇和乙醇。

服务经验表明,最合适的防冰液是由约 80% 的乙二醇、约 20% 的水和少量乙醇组成的混合液体。

理想的防冰液应具有非常低的冻结温度,以最大限度地减少所需的液体量。理想的防冰液应对温度变化具有较低的黏度敏感性。乙二醇具有合适的黏度特性,挥发性很低,火灾隐患可以忽略不计,已广泛应用于飞机液体结冰防护系统。目前,液体结冰防护系统中最常用的两种防冰液是 TKS 80 和 DTD 406B(即 AL - 5),这两种液体都是以乙二醇作为主要成分的混合液。

乙醇在过去广泛用于风挡玻璃和螺旋桨的结冰防护,但乙醇存在以下缺点:

(1) 乙醇有很高的火灾危险。

(2) 乙醇挥发性较高,导致它会从防护表面迅速蒸发,降低防护效力。

(3) 乙醇的挥发潜热会降低防护表面温度,可能加重结冰问题。

(4) 乙醇黏度过低,附着于防护表面的时间较短,导致防冰持续时间较短。

（5）工业乙醇中一般会含有甲醇，其毒理学危害是不可接受的。

3.3.2　液体结冰防护系统工作原理

防冰液储存在防腐蚀的储罐中，在防冰液泵的增压作用下，通过管路输送到结冰防护位置。储罐适用的内胆材料包括阳极氧化铝、不锈钢、塑料或玻璃纤维，储罐的机上安装位置应该便于储罐的补充和过滤器的更换。在液体结冰防护系统的工作过程中，防冰液经过滤器到达防冰液泵。在泵的下游也应安装一个过滤器，以保护系统组件不被固体颗粒的污染所堵塞。液体泵通常提供两个预设流量：正常流量和较高流量，飞行机组人员应可手动选择流量。正常流量用于在最大的持续结冰条件下提供防结冰防护，较高流量可用于清除因未能及时激活系统而积聚的冰或在严重结冰条件下进行结冰防护。防冰液经过泵增压后，通过管路输送到分配装置，从而均匀地施加到结冰防护表面。

防冰液经泵增压后通过管路输送到液体分配装置后，一般可以通过以下三种方式将防冰液施加到结冰防护表面。

（1）多孔板。多孔板的出液口设置在驻点线上，在气流的作用下，由多孔板渗出的防冰液沿上、下表面流动，使结冰防护表面能均匀地附着防冰液。这种方式适用于固定翼面前缘（机翼前缘和尾翼前缘）的结冰防护。图 3‐10 是一种多孔板示意图。

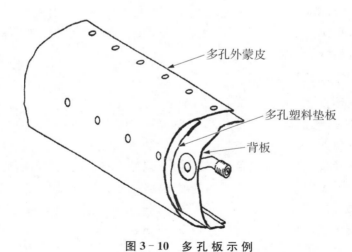

多孔外蒙皮

多孔塑料垫板

背板

图 3‐10　多 孔 板 示 例

（2）喷杆或雾化喷嘴。通过喷杆或雾化喷嘴将防冰液喷到结冰防护表面上，喷杆或雾化喷嘴迎气流放置，以便利用气流把防冰液均匀地吹到结冰防护表面上，这种方式适用于雷达罩和风挡玻璃的结冰防护。图 3‐11 是一种防冰液喷嘴示意图。

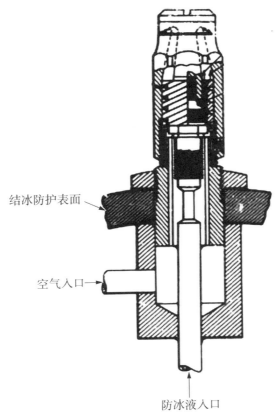

结冰防护表面

空气入口

防冰液入口

图 3 - 11　防冰液喷嘴示意图

（3）吊环结合离心力。防冰液输送到位于旋转中心处的吊环内,防冰液从吊环的出口流到旋转叶片上。在叶片旋转产生的离心力作用下,防冰液均匀地施加到结冰防护表面上。这种方式适用于旋翼及螺旋桨的结冰防护。为了减少离心力对防冰液沿桨叶长度方向上附着均匀度的影响,一般采用泡沫状的防冰液。图 3 - 12 为吊环结合离心力供液方式示意图。

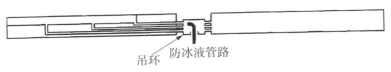

吊环　　防冰液管路

图 3 - 12　吊环结合离心力供液方式示意图

图 3-13 是典型的飞机液体结冰防护系统组成构架示意图。飞机螺旋桨采用吊环结合离心力方式输送防冰液,风挡玻璃采用喷杆输送防冰液,机翼前缘和尾翼前缘采用多孔板输送防冰液。

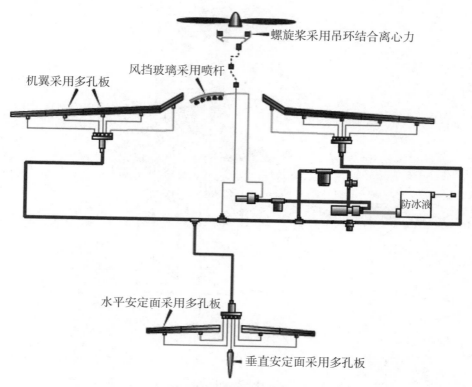

图 3-13　典型的飞机液体结冰防护系统组成构架

3.3.3　液体结冰防护系统优缺点

液体结冰防护系统具有以下几个优点:

(1) 对气动性能无影响。

(2) 在完成除冰工作后,不会有残余冰或再生冰,还能持续保持一段时间的防冰作用。

(3) 能耗小,一般仅需几十瓦。

(4) 硬件设备的总重量相比于其他结冰防护系统有优势。

(5) 部件的设计寿命按照飞机的寿命进行设计,维护成本低。

(6) 系统操作简便,对飞行机组人员的技术能力和判断能力要求不高。

液体结冰防护系统也存在以下几方面的缺点:

(1) 由于防冰液装载量有限,所以防冰持续时间受限。

（2）在飞行中适合进行短时防冰，若防护表面结了黏附强度很大而难以去除的冰层，则液体结冰防护系统的除冰效果将会很差。

（3）防冰液系统需要在飞机上储存一定量的防冰液，会降低飞机的有效商载，系统工作时，可能会出现液体泄漏。

3.4　机械除冰

机械除冰技术是用机械方法使飞机表面的冰层脱落。常用的机械除冰技术是在部件表面设置可膨胀的充气囊或利用电脉冲技术使蒙皮鼓动等，使得防护表面的冰破碎，碎冰在气流、离心力及振动等作用下，从结冰表面清除。机械除冰系统常用于低速飞机的机翼前缘、尾翼前缘以及雷达罩的除冰。机械除冰系统在早期的低速飞机上曾得到广泛采用。近年来随着新技术的研究，机械除冰技术再次受到了关注。

机械除冰系统的除冰效率与许多因数有关，包括以下几个方面：

（1）冰与防护表面之间的黏附强度。

（2）结冰防护表面当地气流的剪力。

（3）附着冰的断裂强度和弹性模量。

（4）机械除冰系统的除冰能力（能否使冰破裂成足够小的颗粒，使得其在当地气流作用下被清除）。

（5）能否靠表面材料的机械力与弹性将冰剥离或弹除。

（6）除冰系统部件的特征尺寸。

（7）防护表面的弹性模量和柔度随温度的变化量。

（8）防护表面的表面条件。

（9）两次除冰循环之间的时间间隔和在此间隔的结冰厚度。

下面就充气囊除冰、电脉冲除冰、电排斥除冰、电涡流除冰和压电振动除冰等几种机械除冰系统进行介绍。

3.4.1　充气囊除冰

充气囊除冰系统是最早使用的机械除冰方法，它的作用原理是在结冰防护表面下设置一组充气可膨胀的充气囊（橡胶管），通过对橡胶管交替充气和放气的方式清除积冰。冰层下的橡胶管因冲入高压气体膨胀导致结冰界面产生小幅形变，使得冰碎裂成冰粒（或小冰块），破坏了冰层与结冰防护表面的结合。冰粒（或小冰块）在气动力或离心力作用下从结冰防护表面清除。除冰工作结束后，充气橡胶管排出气体，恢复到初始的气动外形。这种除冰方法的目的是在结冰防护表面形成冰层后才开始除冰工作，而不是防止冰在结冰防护表面积聚，因此不能用作防冰措施。

充气囊由织物增强合成橡胶或其他柔性材料制成,粘接在结冰防护区域的外表面上,图 3－14 为充气囊安装和工作示意图。充气囊中的管路通常是沿展向布置的。除冰时,同一防护区域的充气囊一般同时充气。充气囊在弦向的铺设范围应通过液滴撞击极限分析或测试来确定,充气囊在展向的铺设范围应能覆盖结冰防护表面。

图 3－14 充气囊安装和工作示意图

充气囊除冰系统主要包括充气囊、压力源(可以采用空气泵)、真空源和气体分配系统等。其他辅助组件包括电磁阀、止回阀、安全阀、空气过滤器、控制开关、定时器-节电接口(如保险丝和断路器)等。除冰系统一般采用可调节的压力源,系统中所有的充气囊都应能在设计时间内达到预期的膨胀状态。充气囊膨胀太慢会降低除冰效果。真空源用来确保在非结冰飞行条件下充气囊能保持在收缩状态,使结冰防护表面保持良好的气动外形,以最大限度地减小气动损失。

充气囊除冰系统一般由三位开关——开启位、关闭位和自动位进行控制,实现手动控制除冰和自动控制除冰。当开关切换到开启位时,所有充气囊开始充气,并保持充气状态直到将开关置于关闭位,完成一次手动除冰。当开关置于自动位时,所有充气囊都处于循环工作作态,按照设定好的周期自动充气和放气,实现自动循环除冰。

充气囊除冰系统一般可用于较大的非透明结冰防护表面(如机翼前缘、尾翼前缘和雷达罩等位置),不适用于探头传感器、风挡玻璃等的结冰防护。在机翼上安装充气囊除冰系统可能会造成一些气动阻力,可以采用凹陷机翼前缘以抵消充气囊厚度,将这种气动损失降至最低。

为避免除冰过程中形成无法去除的桥状冰帽,缓解充气囊的老化速率,美国古德里奇公司于 1984 年设计了一种改进型充气囊除冰系统,命名为"气动冲击除冰系统(pneumatic impulse ice protection system, PIIPS)"。除冰时,气动冲击除冰系统将高压气体以瞬时脉冲的形式快速充入充气囊内,充气囊瞬时膨胀,不但能使器件产生剥离冰体所需的剪切应力,而且会产生较大的冲击力使得被剥离的冰碎裂并弹射至气流中。气动冲击除冰系统优化了除冰系统的性能。气动冲击除冰系统的充气囊由织物增强弹性涂层管和钛外壳组成,增强了充气囊的抗风化、耐侵蚀性能。

充气囊除冰系统的优点在于重量轻、能耗低和改装性强,适用于不同机型的机翼前缘、尾翼前缘和雷达罩等位置的除冰。同时,在为飞机设计充气囊除冰系统时,还应考虑以下几点注意事项:

(1) 充气囊的自发膨胀可能对气动表面造成扰乱,可采用真空源(真空发生装置)防止自发膨胀。

(2) 从充气囊剥离的较大冰块脱落后可能损坏后置发动机或螺旋桨。对于一些机型,发动机前端的机翼部分可能会采用其他形式的结冰防护措施,而其余部分则采用充气囊除冰系统。

(3) 充气囊除冰系统所使用的气体一般来自经过滤的涡轮发动机引气或压缩空气,所使用的过滤器应定期清洗。

(4) 充气囊材料随着时间的推移而老化,建议定期检查以确定其是否需要更换。

(5) 充气囊除冰系统适用于冰层较厚时进行除冰。如何降低除冰厚度门槛,在冰层较薄时即能除冰,实现短时间内的有效除冰,是充气囊除冰系统仍需研究的一个方向。

3.4.2　电脉冲除冰

电脉冲除冰(electro-impulse de-icing, EIDI)是一种节能而有效的机械除冰方法。电脉冲除冰是在金属蒙皮下方安装脉冲线圈,利用瞬间放电技术在金属蒙皮上形成电磁涡流场,从而产生瞬态的电磁力,该电磁力导致蒙皮快速振动并使冰层发生形变而破裂或者脱落,最后在气动力和惯性力的作用下将残余的积冰去除。电脉冲除冰工作时,结冰防护表面上结成的冰受到高频振荡电磁力作用,类似于锤击一样。电脉冲除冰系统所需的电能相对较低。电脉冲除冰系统已经成功应用在伊尔系列飞机上,显示出高效、稳定与节能等优点。

电脉冲除冰装置主要部件为带状线圈。带状线圈刚性地支撑在除冰区域的蒙皮内,并与蒙皮之间保持有很小的间隙。脉冲触发电路必须具有低阻抗和低感抗的特点,以保证能快速放电,通常放电时间小于 0.5 ms。一个强电磁场的形成和消失使得飞机蒙皮中产生涡流。涡流和线圈电流场是相互排斥的,导致蒙皮上形成环形压力。蒙皮表面挠度很小,一般小于 0.01 in(0.25 mm),但加速度很大,因此,在蒙皮上产生的最大作用力通常能达到 400 ~ 500 lbf(1 780 ~ 2 220 N)。环形压力的传递速度很快,会产生金属对金属撞击的效果,并发出金属撞击的声音。

线圈安装在结构上,线圈的安装部位或其支撑应该是非金属的,以避免金属支撑与线圈的磁场相互作用。在电脉冲除冰系统工作期间,脉冲从一个区间切换到另一个区间,直到完成一个循环,将结冰防护表面上的冰全部击碎清除。每个除冰周期必须小于结冰防护表面可接受的冰积聚时间。

电脉冲力产生的过程如图 3-15 所示,将机翼蒙皮简化为金属平板。当线圈被电流脉冲激励时会产生一个变化的磁场,该变化的磁场在金属平板中产生感应涡电流和感生磁场。作用在线圈与金属平板上的两个磁场方向相反,于是在金属平板和线圈之间会产生一对相斥的作用力。

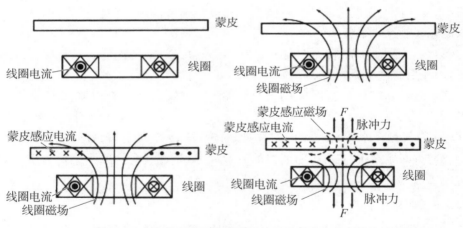

图 3-15　线圈电磁场及其感生的环形电流产生力的作用

电脉冲除冰系统的组成如图 3-16 所示。电脉冲除冰系统的组成一般有以下几部分:在距飞机蒙皮下表面很近的位置上布置线圈,线圈固定在翼梁等刚度较大的结构上。有的蒙皮是电导率很低的非金属材料,此时需要在其下表面安装导电性能较好的金属(如铜、非合金铝)盘作为增强装置(倍增器),倍增器可使脉冲负载分布更均匀。采用可控硅作为控制除冰系统工作的开关,可以由飞行机组人员手动控制除冰,也可以根据需要由系统自动控制除冰。电容器是储能元件,系统工作时放电所需要的能量全部储存在电容器中。

沿翼展方向安装的典型电脉冲除冰系统如图 3-17 所示,根据前缘的尺寸和形

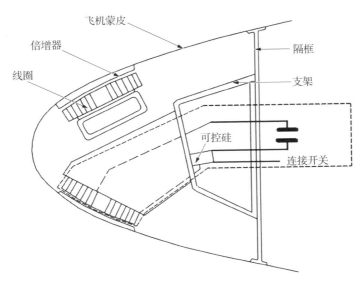

图 3 - 16　电脉冲除冰系统的组成

状,沿翼展方向放置适当个数的线圈。在除冰工作过程中,不同的线圈可以按需分别工作产生振动以除掉表面冰层。每一次放电之后,电源通过升压电路对储能电容进行充电。

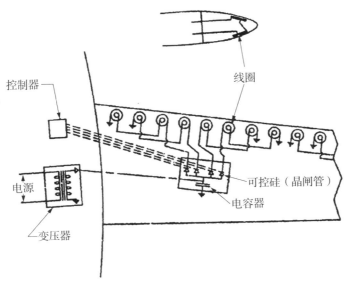

图 3 - 17　沿翼展方向上安装的典型电脉冲除冰系统

电脉冲除冰系统的主要优点如下：

（1）低能耗。据称电脉冲除冰系统的功率要求与同一架飞机的着陆灯的功率要求大致相同，仅为热气或电热防冰系统功耗的1％左右。

（2）除冰效果可靠。所有类型的冰都可被移除，电脉冲除冰后仅会留下轻微的残余冰。

（3）对气动性能几乎无影响（相较于充气囊除冰）。

（4）电脉冲除冰系统重量可与其他除冰系统相媲美。

（5）维护费用低。由于没有活动部件，系统原则上无须维护。

（6）不会形成后流冰。

（7）对飞行员技能和判断能力要求不高。

电脉冲除冰系统装机应用须从以下几方面予以考虑：

（1）针对现代飞机的特点，电脉冲除冰系统须朝着小型化、低功耗、模块化的方向发展。

（2）靠近线圈涡流中心的位置除冰效果显著，涡流外围位置的除冰效果大大降低。在机上布置安装电脉冲除冰系统时要注意线圈的间距和数量。

（3）电脉冲除冰系统的原理是通过排斥蒙皮以达到除冰效果，但是，对于所有飞机而言，蒙皮的设计更关注外界的压力而不是内部的张力。因此，巨大的电磁冲击力可能造成蒙皮的疲劳损伤。

（4）应考虑通过冰风洞试验和飞行试验，检验系统工作对支撑及铆接结构的不利影响，研究系统工作的可靠性并确定系统装机使用寿命。

（5）电脉冲除冰系统进行除冰时会产生电磁场，电磁场可能会对飞机部分元件产生电磁干扰。若采用电脉冲除冰系统，则需要对电磁干扰问题悉心分析并设计符合标准的电磁屏蔽装置。

（6）系统工作时，结冰防护表面会发出类似鸣枪的声音，这种噪声应予以考虑。一般在小型飞机内部脉冲声音比较明显，在大型运输类飞机舱内一般不太明显。

3.4.3　电排斥除冰

电排斥除冰（electro-expulsive de-icing，EEDI）也是一种机械除冰方法，其原理如下：当两个平行导体分别通入反向电流时，由于产生的磁场相斥作用，导体间产生电动斥力。电排斥除冰系统运用上述原理，将金属带状材料平行布置，并排列成矩阵，确保通入电流时两平行导体间电流方向相反。电排斥除冰器可在飞机设计时与结冰防护表面集成一体，也可以作为除冰膜铺设在结冰防护表面上。

电排斥除冰作用单元是如图3-18所示的呈U形结构平行布置的薄金属导体带材。在通入电流时，金属导体上下两层电流方向相反。该作用单元称为电排斥器件的单个排斥组件，每层金属导体称为电排斥器件的单层极板。

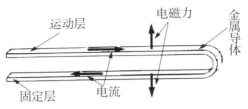

图 3 - 18　电排斥除冰作用单元

　　电排斥器件整体结构:将若干单个排斥组件并排排列成极板矩阵,其周围用弹性介质包裹,并通过分离面将极板矩阵分为上层运动层和下层固定层,包裹体下表面与飞机防护表面直接连接,上表面铺有防腐薄层作为除冰器的触冰表面,其典型剖面如图 3 - 19 所示。

图 3 - 19　电排斥器件整体结构典型剖面

　　电排斥除冰的优点为功耗极低,制造成本低廉,无激励状态下上下导体接合紧密,激励状态下位移极小且对飞机气动性能损伤较小,适合各种除冰表面。同时,由于电排斥除冰系统的结构特点,其可与电热结冰防护系统等其他种类的系统联合工作,在降低除冰系统功耗的基础上大大提高除冰效果。

　　电排斥除冰系统主要缺点为除冰厚度门槛较高;在去除黏附强度较大的积霜时,该除冰方法的残留冰厚度较大。

3.4.4　电涡流除冰

　　电涡流除冰(eddy current de-icing, ECDI)是将扁平的平面线圈嵌入飞机蒙皮内(工业印刷电路板制造)。在线圈之上是导电的目标层,线圈和目标层之间用绝缘介质隔离,目标层上方是蒙皮的最外层。线圈中的大脉冲电流在目标层中诱导出反向涡流,该反向涡流导致目标层和线圈之间产生排斥力,使得目标层和蒙皮最外层暂时远离线圈。实际的目标层和蒙皮最外层位移是很小的,但其加速度很大。大加速度产生的冲击力会使蒙皮表面的冰剥离和碎裂。图 3 - 20 是电涡流除冰装置示意图。

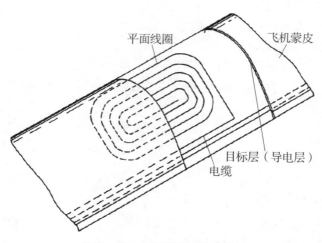

图 3 - 20　电涡流除冰装置示意图

电涡流除冰系统的除冰方式类似于电脉冲除冰系统,通过大电流线圈在飞机蒙皮上(或与蒙皮紧贴的倍增装置上)诱导出涡流,在电磁力的快速作用下使除冰表面的冰剥离和碎裂。不过,电脉冲除冰和电涡流除冰在蒙皮外表面产生向外加速的设计理念是不同的,电脉冲除冰采用的是环形涡流,而电涡流除冰采用的是平面涡流;电脉冲除冰的带状线圈安装在飞机框架上,而电涡流除冰的平面线圈嵌入蒙皮内。

电涡流除冰系统不受飞机蒙皮下方结构的限制,其几何设计较为自由。由于电涡流除冰系统的导电线圈是由导体带材裁制,并非如电脉冲除冰系统的线圈是由导体窄带卷制的,因此其可根据除冰表面情况和所需作用力大小,通过改变线圈形状和增加线圈层数来增强除冰效果。

3.4.5　压电振动除冰

研究人员对冰的黏附物理特性进行了研究,发现冰与表面间的黏附剪切强度要低于拉伸强度,也就是说采用剪应力更容易破坏冰与表面之间的黏结力。压电振动除冰系统(piezoelectric vibratory deicing system,PVDI)就是通过压电振动产生的剪切力进行除冰的。压电振动除冰系统是将压电陶瓷(如 PZT、PVDF 等)粘贴在飞机防护表面内侧,在结冰现象出现时,通过将特定频率的正弦电压通入陶瓷,使其产生高频振动,该振动以防护表面为介质向外扩散产生超声波。当压电陶瓷的振动频率达到防护表面固有频率时产生共振,此时较强的剪切力便打破冰与防护表面间的剪切强度,将冰震裂并弹入气流中。压电振动除冰系统除冰彻底,实际上也具备防冰功能。

目前国内外对压电振动除冰系统的研究主要分为两类:一类是让压电材料工作

在超声频段,使用超声波的方法进行除冰;另一类的压电材料工作在较低频段,激发出结构的共振频率进行除冰。

压电振动除冰方法的研究尚存在下列较难解决的问题:

(1)压电器件的振动给积冰/结冰防护表面界面带来剪切力的同时也给结冰防护表面/压电元件界面带来同样的作用,该作用可导致压电器件与防护表面内侧脱离甚至导致压电器件破碎。

(2)压电振动除冰系统的除冰时间一般大于 1 min,可能并不适用于飞机除冰的实际环境,如何缩短压电器件的除冰时间仍然是目前面临的重要课题。

3.5 新型结冰防护技术探讨

3.5.1 电加热与等离子合成射流驱动器相结合的新型除冰

传统电热结冰防护存在能耗高的缺点,尤其是热刀耗能相当大。电加热与等离子合成射流驱动器相结合的新型除冰的主要原理是用一个简单的机械装置来代替热刀。在除冰过程中,利用电加热去除黏附力,等离子体合成射流驱动器的单脉冲对冰产生快速作用,使冰断裂。纹影成像显示等离子体合成射流驱动器可以使自由冰柱破碎成碎片和粉末,当释放能量较大时,射流甚至可以完全穿透冰。在混合除冰过程中,高速摄影显示等离子合成射流驱动器在电加热去除黏附力后,可以在数十毫秒内将直径为 200 mm、厚度为 10 mm 的冰层完全分割成多个碎块。此外,等离子合成射流驱动器在一次除冰循环中的能耗仅占整个系统的 0.27%。

3.5.2 表面涂层防冰

结冰是过冷水滴碰到低温的飞机机体表面,释放能量后结晶而造成的。若过冷水滴不能黏附在低温的机体表面上,则无法与机体表面进行热传导而结晶成冰滴,更不能和周围的冰滴再结晶生长成冰,表面涂层防冰法就利用了这一原理。

表面涂层防冰法利用自然界存在的物体对水的非浸润性现象来防冰。物体的疏水性与表面的浸润性有关,浸润性也是固体表面最重要的基本属性之一。在理想的光滑表面上,液滴与表面之间的接触角主要由固体表面的自由能决定,是固-液-气三相接触线三种不同张力共同作用的结果。对于一个疏水性的固体表面,当表面有微小突起的时候,有一些空气会被"关到"水与固体表面之间,导致水珠大部分与空气接触,与固体直接接触面积大大减小,很容易被气流带走而不黏附于飞机表面。

表面涂层防冰法的优势在于其从根本上避免了冰的形成,且在此过程中不消耗能量,仅需要极小的额外体积或重量。但由于疏水材料表面一般存在粗糙结构,该粗糙结构非常容易损坏,导致材料疏水性能大幅下降甚至失效。因而如何长久保持材料的疏水性能是该方法研究的关键。

疏水涂层对飞机结构件和控制设备的铝、钢表面具有结冰防护作用。在负表面温度和高气流速度下的测试结果表明,应用由各种方法产生的疏水涂层与未涂层的金属表面相比,可大大减少冰的累积。铝表面的疏水涂层在 40 m/s 的中等流速下完全阻止了冰的形成。探头传感器不锈钢部件上的疏水涂层也显示出明显的防冰效果,这有利于降低探头传感器表面防冰所需的加热功率。

3.5.3 记忆合金除冰

记忆合金除冰法是利用形状记忆合金的独特冶金成分,在一个相当窄的相变温度范围内产生很大的形状尺寸上的变化,使结冰表面产生形变,并将冰除去,这种特性是一般合金所不具备的。当记忆合金处于相变温度范围的较冷一侧时,其结构为马氏体相,此时材料相当软且有塑性。如果将合金加热,则马氏体相将无扩散转变成奥氏体相,奥氏体的材料硬且无柔性。

利用记忆合金可以做成两类除冰器:被动式除冰器和主动式除冰器。被动式除冰器的除冰机理是通过形状记忆合金的冷胀热缩来使前缘表面产生应变,使结冰在剪应力下被清除,在选择形状记忆合金的相变温度范围时应使其与整个结冰温度范围相重合。主动除冰器的设计方案是在结冰区后安装一个形状记忆合金制动器,当冰形成后,制动器将被激活,对结冰表面起除冰作用。系统中埋入的电加热器可将形状记忆合金制动器的温度升至某一特定值来除冰,这样的温度范围要高于飞行包线的最高温度以免除冰器自动制动,引起畸变,影响机翼的气动特性。

记忆合金除冰法的优势在于装置体积小,重量轻,结构简单,耐久性好,费用低,很有发展前景。目前的研究工作重点围绕优化形状记忆合金应变,增加应变输出量,减小温度滞后回线范围,以及调整相变温度范围进行。

3.5.4 微波除冰

微波除冰使用微波升高与结冰防护表面接触的冰层温度,达到除冰的目的。在飞机结冰防护蒙皮的缝隙中填充微波材料,当飞机蒙皮发生结冰时,飞机上的微波发射器就会产生微波,并通过波导管射到冰层,在微波作用下使冰融化。微波除冰能耗少,使用与维护简单。

3.5.5 电解除冰

电解除冰使用水的电解技术进行除冰。电解使得冰积聚的边界融化,同时产生氢气和氧气,其在结冰防护表面和冰层之间形成气体压力,在气体压力作用下导致冰层破裂和脱落。这种技术还没有成熟到可以用于飞机除冰。

3.5.6 其他除冰理念

新技术应用方面:通过在结冰防护表面产生一种周期性的微型喷流,阻碍过冷水滴与机翼表面的碰撞而防止结冰,并可以除去已经形成的冰层;采用激光技术进行融冰或碎冰。

新材料应用方面：在电热结冰防护系统中使用碳纳米管制作电热元件，该系统具有更高的除冰效率，能耗也大幅降低；新的疏水材料涂层应用于结冰防护表面，起到防冰作用。

3.6　结冰防护技术权衡

上文已经讨论了各种飞机表面和部件可用的结冰防护技术。值得注意的是，没有哪种结冰防护技术是适用于所有型号飞机的最佳方法，每个型号飞机都应进行一个独立的结冰防护设计过程。在为飞机选择最佳的结冰防护方案时，应考虑以下因素。

1）所研型号飞机面临的结冰条件

服务经验表明，在结冰条件下保持 45 min 是一个预期的运行条件。一般来说，结冰防护系统应该能够在海平面到 22 000 ft（6 700 m）、温度为 $-220\sim32°F$（$-30\sim0°C$）、LWC 为 $0\sim2.8\,g/m^3$ 的条件下除冰或防冰。

2）结冰对飞机性能的影响

应该对飞机和部件进行分析和飞行测试，以确定冰撞击极限、最坏情况下的结冰形状、结冰对飞机性能和操纵特性的影响。例如，一些飞机对尾翼结冰很敏感，而另一些飞机可以包容无结冰防护的尾翼表面。

3）结冰防护系统可用能源

本书介绍的结冰防护技术，其能源来自热气或者电源。可以结合不同发动机或飞机系统确定采用热气结冰防护系统、电热结冰防护系统、液体结冰防护系统还是其他结冰防护系统。轻型飞机多采用电热结冰防护系统和液体结冰防护系统，效果良好。

4）针对型号飞机进行综合权衡

必须对适用于每个飞机部件的候选结冰防护系统的收益和成本进行权衡。成本包括系统重量、功耗、维护和所需的系统测试，以及研发和使用成本。

螺旋桨和风挡玻璃通常采用电热防冰或除冰，而气动面则采用气热防冰或充气囊除冰。同一机型采用多种类型的结冰防护措施，可能会增加检查和维护的复杂性。

5）其他需要考虑的方面

在为型号飞机设计结冰防护系统时，还应考虑其他方面的影响，如后流冰问题、气动平整度要求、维护要求、安装成本和时间、电磁干扰问题、环境影响问题、技术成熟度以及适航验证难度等。

3.7　典型飞机的结冰防护系统

本节将简要介绍我国某国产民机和美国波音 787 飞机结冰防护系统的组成及

特点。

3.7.1　某国产民机结冰防护系统

某国产民机的结冰防护区域包括机翼、发动机进气道前缘、风挡玻璃、大气数据探头等,发动机进气道前缘和机翼前缘采用热气结冰防护,其他部位均采用电热结冰防护。某国产民机的结冰防护区域如图 3-21 所示。

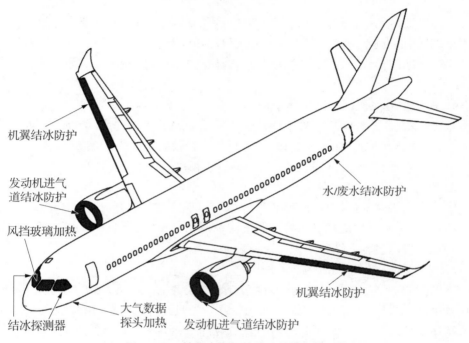

机翼结冰防护

发动机进气道结冰防护

风挡玻璃加热

结冰探测器

大气数据探头加热

发动机进气道结冰防护

水/废水结冰防护

机翼结冰防护

图 3-21　某国产民机的结冰防护区域示意图

机翼结冰防护:机翼结冰防护系统使用气源系统所提供的热气对机翼外侧 3 块前缘缝翼进行加热。发动机引气经过气源系统温度和压力调节后,经高压供气管路、伸缩管输送到机翼前缘缝翼防冰腔内的笛形管,通过笛形管上的小孔喷射到整个防冰腔内加热蒙皮表面。

发动机进气道前缘防冰:某国产民机的 2 台发动机为翼吊式,采用热气结冰防护。发动机进气道前缘结冰防护系统从发动机 7 级压气机单独引气,经由 2 个压力调节关断活门和供气管路进入直流喷嘴,由直流喷嘴喷射到前缘蒙皮内侧的 D 形腔内,对进气道前缘蒙皮进行加热结冰防护。在核心舱和风扇舱各安装一个压力传感器,对供气压力进行监控,以检测相关部件是否正常工作。

某国产民机的风挡玻璃、大气数据探头采用电热结冰防护方法,防止这些部件表面出现积冰,影响飞行安全。风挡玻璃由嵌在多层玻璃内层的透明加热膜进行结冰防护,大气数据探头由集成在内部的加热元件进行结冰防护。

3.7.2　波音 787 飞机结冰防护系统

波音 787 飞机全机的结冰防护系统主要由热结冰防护系统组成。波音 787 飞机的结冰防护区域包括机翼、发动机进气道前缘、客舱空气压缩机进气口、风挡玻璃和大气数据探头等,其结冰防护区域如图 3-22 所示。除发动进气道前缘防冰采用热气结冰防护外,其余均采用电热结冰防护,结冰防护系统有以下几个子系统:

(1)发动机进气道前缘结冰防护,从同侧高压压气机引气加热。

(2)大气数据探头结冰防护,采用探头一体式电加热元件加热。

(3)风挡玻璃电热结冰防护,采用风挡玻璃夹层导电膜进行加热。

(4)机翼电热结冰防护,采用铺设在机翼前缘的电加热毯进行加热。

(5)客舱空气压缩机进气口结冰防护,采用铺设在进气口的电加热毯进行加热。

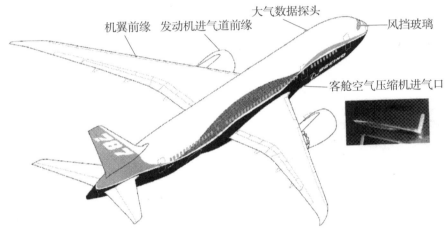

图 3-22　波音 787 飞机的结冰防护区域示意

机翼结冰防护:波音 787 飞机是多电飞机,该机型取消了传统意义上的气源系统(发动机引气系统),并且机翼前缘缝翼采用了复合材料,因此机翼采用了电热结冰防护系统。机翼结冰防护系统从结冰探测器得到信号,自动对机翼的前缘缝翼进行结冰防护操作,使用电加热毯对前缘缝翼加热,防止机翼上冰的形成,机翼结冰防护系统采用 235 V 交流电。机翼结冰防护系统由控制系统、输电线路、电加热器三部分组成。波音 787 的左、右机翼上各有四个加热器,可以对除翼尖以外的机翼前缘进行加热。由于缝翼是可运动部件,因此为加热器提供电能的输电线路需要能随加热器运动。波音 787 飞机客舱空气压缩机进气口也采用类似的电热系统进行结冰防护。

发动机进气道前缘结冰防护:发动机进气道前缘结冰防护系统对发动机整流罩

前缘进行结冰防护,它是一个气动旋转的热气结冰防护系统,当结冰探测器探测到结冰条件时自动启动。从发动机压气机引来的热气经管路输送到整流罩前缘,为结冰防护提供热量。系统工作时,有电器活门控制管内热气,防止进气道前缘结构被过度加热,同时还有一个冷风控制器来调整降低供给结冰防护系统的热气温度。

风挡玻璃结冰防护:风挡玻璃结冰防护系统旨在保证冰与雾不会在机舱的玻璃表面上积聚。在透明玻璃中间夹层埋有电加热导线,系统的温度传感器与控制单元共用,自动管理风挡玻璃的加热。风挡玻璃的加热有两种形式:高能耗的全机玻璃防冰防雾和低能耗的仅驾驶舱前玻璃防冰防雾。飞机每个风挡玻璃上都有冗余的防雾传感器,驾驶舱的前风挡玻璃上还有冗余的防冰传感器。在电力不足等极端条件下,传感器会评估电流水平,并马上将风挡玻璃加热器的电源断开。

大气数据探头结冰防护:波音 787 飞机机头两侧装有多个皮托管、迎角和大气总温等大气数据探头。为保证传入飞机的大气数据不被结冰影响,在每一个大气数据探头里都集成了电机热元件进行结冰防护。驾驶舱没有大气数据探头加热的控制电门,大气数据探头加热由客舱控制系统(CCS)自动控制。在通常情况下,任意一个发动机启动,探头开始低功率加热模式;当空速超过 50 kn 时切换到高功率加热模式。

第 4 章 运输类飞机结冰和防(除)冰适航要求

4.1 结冰和防(除)冰适航规章历史

20 世纪 40—50 年代,美国就开始研究飞机结冰和防(除)冰,推出了民用航空规章 CAR - 4b.640,对飞机机体结冰防护提出要求。1964 年 11 月,FAA 发布联邦航空条例 FAR - 25.1419 替代原有的 CAR - 4b.640,明确可以使用 4 种试验中的一种对结冰防护系统进行验证:对部件或部件的模型进行实验室干燥空气试验或模拟结冰试验,或两者的组合;对整个防冰系统或单独对系统部件在干燥空气中进行飞行试验;对飞机或飞机部件在测定的模拟结冰条件下进行飞行试验;对飞机在经测定的自然大气结冰条件下进行飞行试验。之后的很多年,FAA 又根据实际飞行中出现的问题和事故,以修正案的形式对适航规章进行了补充和修改。1970 年 4 月,FAA 对 FAR - 25.1419 进行了第一次修订,将自然大气结冰条件下的飞行试验从可供选择的 4 种验证方法中的一种更改为必须进行的项目。1990 年 6 月,FAA 改进了适航规章中的文字表达,增加了在结冰防护系统故障时提供告警信息的要求。1997 年 4 月,FAA 启动了"飞行中飞机结冰安全计划",确定了 FAA 拟采取的行动项目,以提高结冰条件下飞机运行的安全水平。2007 年 8 月,FAA 发布 25 - 121 号修正案,引入了运输类飞机在结冰条件下评估性能和操稳特性的适航标准。2009 年 8 月,FAA 发布了 25 - 129 号修正案,主要修订了 FAR - 25.1419 条款,即必须提供结冰探测和启动机体结冰防护系统的方法中的一种,以解决机组没有意识到机体存在冰积聚或意识到有结冰,但错误地认为没有达到启动结冰防护系统的程度,没有明确提出需要为机组提供什么样的结冰探测方式的问题,减轻启动结冰防护系统循环工作时机组的工作负担。2010 年 6 月,FAA 为进一步提高飞机在结冰条件下的安全飞行标准,发布了规章修订通告(NPRM),在原有附录 C 结冰包线的基础上增加过冷大水滴(SLD)、混合相和冰晶结冰条件,即附录 O。另外,NPRM 还增加了 FAR - 25.1420 条款,申请在结冰条件下飞行的特定属性的飞机不仅要满足原有 FAR - 25.1419 的规定,还要满足 FAR - 25.1420 的要求。此外还对 25 部中飞行分

部、动力装置分部和设备分部的相关条例进行了修改和补充。2014 年 11 月，FAA
发布 25 - 140 号修正案，基本贯彻了 2010 年 6 月发布的 NPRM 内容。

　　世界上其余国家和地区适航规章对飞机防(除)冰也都有规定，比如欧洲的 CS -
25、中国的 CCAR - 25 以及俄罗斯的 AP - 25 等，但目前也都基本与 FAA 保持同
步，本书不赘述其余国家结冰和防冰适航规章历史。

4.2　结冰和防(除)冰相关条款

　　在运输类飞机适航标准中，B 分部飞行、C 分部结构、D 分部设计与构造、E 分部
动力装置、F 分部设备、G 分部使用限制和资料及有关附录等相关条款都与结冰、防
(除)冰适航验证相关。

　　这些条款的适航要求分为三大类。

　　1) 飞机机体及零部件防(除)冰适航性要求

　　飞机机体结构、系统或零部件需满足防(除)冰适航性要求。例如，25.629 是飞
机结构结冰后需满足的气弹稳定性要求，25.773、25.775 是驾驶舱风挡所需要满足
的结冰后视界要求，25.1093 是发动机进气道的防(除)冰要求，25.1325 是大气数据
系统的静压孔和探头的防(除)冰要求，25.1419 是飞机防(除)冰总领性要求等。

　　2) 飞机防(除)冰系统本身需满足的适航性要求

　　飞机防(除)冰系统作为机载系统之一，应满足机载系统所必须满足的一些通用
性适航要求，从而保证系统能够安全、可靠地工作，这些要求如下：25 部 D 分部设计
与构造的部分要求，如 25.603 材料要求、25.607 紧固件要求等；25 部 F 分部设备的
通用性要求，如 25.1301 设备功能和安装要求，25.1309 设备、系统及安装要求和
25.1316 系统闪电防护要求等；25 部 G 分部使用限制和资料要求，如 25.1525 运行
类型要求、25.1583 使用限制要求、25.1585 使用程序要求和 25.1529 持续适航文件
要求等。

　　3) 结冰条件下安全飞行的适航性要求

　　要想保证飞机能够在结冰气象条件下安全飞行，必须满足 25 部 B 分部关于性
能、操纵性和稳定性的条款要求，保证飞机出现结冰时仍然是可控的。

　　基于 FAR - 25、CS - 25 和 CCAR - 25，表 4 - 1 归纳了与结冰和防(除)冰相关
的具体条款及附录。

表 4 - 1　运输类飞机适航标准中与结冰和防(除)冰相关的条款及附录

25 部分部	条款号	条款名称	备注
B 分部：飞行	25.21(g)	证明符合性的若干规定	
	25.33	螺旋桨转速和桨距限制	

25 部分部	条款号	条款名称	备注
	25.101	总则	飞机性能总则
	25.103	失速速度	
	25.105	起飞	
	25.107	起飞速度	
	25.109	加速—停止距离	
	25.111	起飞航迹	
	25.113	起飞距离和起飞滑跑距离	
	25.115	起飞飞行航迹	
	25.117	爬升:总则	
	25.119	着陆爬升:全发工作	
	25.121	爬升:单发停车	
	25.123	航路飞行航迹	
	25.125	着陆	
	25.143	总则	飞行操纵性和机动性总则
	25.145	纵向操纵	
	25.147	航向和横向操纵	
	25.161	配平	
	25.171	总则	飞行稳定性总则
	25.173	纵向静稳定性	
	25.175	纵向静稳定性演示	
	25.177	横向和航向静稳定性	
	25.181	动稳定性	
	25.201	失速演示	
	25.203	失速特性	
	25.207	失速警告	
	25.237	风速	
	25.251	振动和抖振	
	25.253	高速特性	

（续表）

25 部分部	条款号	条款名称	备注
D 分部：设计与构造	25.601	总则	
	25.603	材料	
	25.605	制造方法	
	25.607	紧固件	
	25.609	结构保护	
	25.611	可达性措施	
	25.613	材料的强度性能和材料的设计值	
	25.629	气动弹性稳定性要求	
	25.685(a)	操纵系统的细节设计	
	25.773(b)	驾驶舱视界	
	25.775(d)	风挡和窗户	
	25.859(i)	燃烧加温器的防火	
	25.863	可燃液体的防火	
	25.875	螺旋桨附近区域的加强	
E 分部：动力装置	25.901(c)	安装	
	25.903	发动机	
	25.929	螺旋桨除冰	
	25.939	涡轮发动机工作特性	
	25.941	进气系统、发动机和排气系统的匹配性	
	25.951(c)	总则	燃油系统总则
	25.975	燃油箱的通气和汽化器蒸气的排放	
	25.1013(d)	滑油箱	
	25.1041	总则	冷却总则
	25.1093	进气系统的防冰	
	25.1101	汽化器空气预热器的设计	
	25.1105	进气系统的空气滤	
	25.1157	汽化器空气温度控制装置	
	25.1189	切断措施	
	25.1199(b)	灭火瓶	

(续表)

25 部分部	条款号	条款名称	备注
F 分部:设备	25.1301	功能和安装	
	25.1305(c)	动力装置仪表	
	25.1307(c)	其它设备	
	25.1309	设备、系统及安装	
	25.1323(e)	空速指示系统	
	25.1325(b)	静压系统	
	25.1326	空速管加温指示系统	
	25.1327	磁航向指示器	
	25.1351	总则	电气系统和设备总则
	25.1353	电气设备及安装	
	25.1357	电路保护装置	
	25.1403	机翼探冰灯	
	25.1419	防冰	
	25.1455	易冻液体的排放	
G 分部:使用限制和资料	25.1525	运行类型	
	25.1529	持续适航文件	
	25.1581	总则	飞机飞行手册总则
	25.1583	使用限制	
	25.1585	使用程序	
	25.1587	性能资料	
附录	附录 C		
	附录 O		FAR-25 及 CS-25

4.3　结冰和防(除)冰相关的 FAA 咨询通告

适航条款的符合性验证方法应参考对应的咨询通告(AC)。尽管咨询通告的内容不具有强制性,也不构成法规,但它源于局方和工业界在确定符合性方法方面的广泛经验,提供了表明符合性的一种局方可接受的方法。如果申请人选择其他符合性验证方法,适航当局也会给予考虑。

到目前为止,与结冰和防(除)冰相关的,由 FAA 发布的主要咨询通告如表 4 - 2 所示。世界上其余国家和地区局方也有结冰与防(除)冰相关咨询通告或者等效文件,但目前也都基本与 FAA 保持同步,本书就不再赘述。每个 AC 的版次为当前的最新版次。如后续这些咨询通告有了任何修订,可在 FAA 网站上找到最新版本。其中 AC 25 - 25 实际上是将 AC 25 - 7A 中的结冰章节单独形成 AC,并增加了针对 121 号修正案的指导,AC 25 - 1419 - 2 提出了对 129 号修正案符合性方法的指导,AC 25 - 28 取代了 AC 25.1419 - 1 和 AC 25.1419 - 2,同时引入针对 140 号修正案的指导。

表 4 - 2　与结冰和防(除)冰相关的主要咨询通告

咨询通告编号	标题	发布日期
AC 20 - 73A	Aircraft Ice Protection	2006 - 08 - 15
AC 25 - 7D	Flight Test Guide for Certification of Transport Category Airplanes	2018 - 05 - 03
AC 25 - 25A	Performance and Handling Characteristics in Icing Conditions	2014 - 10 - 26
AC 25.1419 - 1A	Certification of Transport Category Airplanes for Flight in Icing Conditions	2007 - 05 - 06
AC 25.1419 - 2	Compliance with the Ice Protection Requirements of § § 25.1419(e), (f), (g), and (h)	2009 - 10 - 26
AC 25 - 28	Compliance of Transport Category Airplanes with Certification Requirements for Flight in Icing Conditions	2014 - 10 - 26
AC 20 - 147A	Turbojet, Turboprop, Turboshaft, and Turbofan Engine Induction System Icing and Ice Ingestion	2014 - 10 - 21

4.4　结冰和防(除)冰相关 FAA 重要修正案

本节主要讨论 FAR - 25 近年来与结冰和防(除)冰相关的修正案,包括 121 号、129 号和 140 号修正案。

4.4.1　FAR - 25 121 号修正案

FAR - 25 121 号修正案名称为"结冰条件下的飞机性能与操纵品质",正式生效日期为 2007 年 10 月 9 日。

本修正案增加了评估运输类飞机在结冰条件下的飞机性能与操稳品质的新适

航标准,以期提高新设计飞机在结冰条件下飞行的安全性等级,并使得美国与欧洲对结冰条件下的飞行有协调一致的适航标准。

FAA 发布 FAR-25 121 号修正案有如下背景。

(1) 在 FAR-25 121 号修正案发布之前,在 FAR-25 中直接涉及结冰天气下验证要求的条款有 FAR-25.1419 和附录 C。121 号修正案之前的 FAR-25.1419 "防冰"只涵盖了运输类飞机防冰系统的审批要求,要求申请人通过飞行试验和分析表明运输类飞机能够在 FAR-25 附录 C 所规定的结冰条件下安全飞行。

(2) 尽管在确认一架飞机是否能够安全飞行时,飞机性能和操纵品质是极其重要的,但是在 121 号修正案之前 FAR-25 并没有对飞机在结冰条件下的飞机性能或操纵品质提出具体的要求。

(3) 服役经历表明,在结冰条件下飞行对于运输类飞机是有安全风险的。根据美国国家运输安全委员会(NTSB)事故信息数据库的信息,自 1983 年至 121 号修正案发布时已发生 9 起与飞机结冰相关的事故,如果 121 号修正案已经生效的话这些事故原本是可能避免的。为此美国国家运输安全委员会发出了一系列安全性建议,敦促 FAA 采取必要行动:

a. NTSB A-91-087 号安全性建议,源于一起因为尾翼冰污染而引起的尾翼失速事故,对于预期会暴露于广域结冰条件中的巡航和进近襟翼形态,提出了进行冰积聚飞行试验的建议,而且要求顺次进行形态变化以包括着陆襟翼构型。

b. NTSB A-96-056 号安全性建议,提出修订结冰条件下飞行试验规则以确保飞机在所有形态下都得到正确验证,或表明在该条件下可以安全运行。此外,如果制造方不能对安全运行进行验证,则应规定运行限制条件避免在这些条件下运行,并且应向机组提供确定环境结冰条件超过了飞机限制条件的方法。

c. NTSB A-98-094 号安全性建议,建议所有涡轮发动机飞机(包括 EMB-120)的制造方为所有的飞机形态、飞行阶段和飞行条件(结冰和无结冰条件)提供最低机动空速限制,并在确定这些最低机动空速时考虑各种不同的冰积聚类型、数量和位置的影响,包括零星的非常突出的结冰、在过冷大水滴结冰条件下的冰积聚和尾翼结冰情况。FAA 考虑了这些建议,提出在最低操纵速度时,飞机在 FAR-25 附录 C 所规定的临界结冰条件下的机动能力应与当前有效的非结冰条件所规定的机动能力相同。但是关于过冷大水滴结冰条件下的冰积聚情况将放在未来处理。

d. NTSB A-98-096 号安全性建议,建议所有寻求结冰条件下飞行批准的运输类飞机的制造人和营运人,在结冰条件下飞行时,应安装的失速警告、失速保护系统能够在开始失速之前向驾驶舱机组提供告警。

FAR-25 121 号修正案的具体条款修订情况如表 4-3 所示。条款原文在表 4-3 中没有引用,如需要可以参看对应的 25 部,阅读原文内容。

表 4 - 3 FAR - 25 121 号修正案条款修订

序号	条款	更改说明
1	25.21 条"符合性证明",增加新的(g)款	25.21(g)为新增条款,对结冰条件下飞行的合格审定做了补充规定。要演示验证飞机在结冰条件下的性能和操纵品质,进行飞行试验时,必须使用附录 C 所规定的各飞行阶段的冰积聚条件,并使用飞机飞行手册(AFM)所规定的操作程序和使用限制操作飞机和防冰系统: (1) 除了 25.121(a)、25.123(c)、25.143(b)(1)、25.143(b)(2)、25.149、25.201(c)(2)、25.207(c)(d)、25.239 和 25.251(b)(e)条款之外,FAR - 25 飞行分部(B 分部)的其他条款在结冰条件下都必须得到满足。 (2) 本修正案还规定了飞机的载荷分部限制、重量限制(受性能限制的重量限制除外)、重心限制在结冰和非结冰条件下必须相同
2	25.103 条"失速速度",修订(b)(3)项	对(b)(3)项进行了修订。要求在确定失速速度时,除了要考虑襟翼、起落架构型外,还要考虑冰积聚状态
3	25.105 条"起飞",修订(a)款	增加在满足下面任一条件时,应在附录 C 的冰积聚条件下确定飞机的起飞性能,包括起飞速度、加速停止距离、起飞航迹、起飞距离和起飞滑跑距离以及净起飞飞行航迹。 在结冰条件下,使用 25.121(b)所规定的飞机形态并带有附录 C 所规定的起飞冰积聚: (i) 在最大起飞重量时的失速速度,超过非结冰条件下的失速速度 3 kn 校正空速或 3% 的 V_{SR}(取较大者); (ii) 按 25.121(b)确定的爬升梯度减小值,大于按 25.115(b)定义的适用的实际起飞飞行航迹与净起飞飞行航迹梯度之差的一半
4	25.107 条"起飞速度",修订(c)(3)和(g)(2)项,增加新的(h)款	(1) 协调原 25.143(g)的条款号修改,把(c)(3)和(g)(2)中引注的 25.143(g)改为 25.143(h)。 (2) 增加(h)款,规定在确定结冰条件下飞行的起飞速度 V_1、V_R 和 V_2 时,可以使用非结冰条件下确定的 V_{MCG}、V_{MC} 和 V_{MU}
5	25.111 条"起飞航迹",修订(c)(3)(iii)和(c)(4)项,增加新的(c)(5)项	(1) (c)(3)(iii)和(c)(4)为文字修订,没有实质性影响; (2) 新增(c)(5)项,规定如满足 25.105(a)(2)要求,需确定结冰条件下的起飞航迹时,起飞空中段的飞机阻力要按照高于起飞表面 35~400 ft 以及 400 ft 到起飞终点两个飞行阶段分别计算,飞机需带有附录 C 所定义的对应阶段的起飞冰积聚
6	修订 25.119 条"着陆爬升:全发工作"	提出在非结冰条件下飞机全发工作的着陆爬升梯度除要满足 3.2% 外,结冰条件下,飞机处于附录 C 所定义的着陆冰积聚条件下时,着陆爬升梯度也要满足 3.2% 的要求
7	25.121 条"爬升:单发停车",修订(b)(c)和(d)款	25.121(b)更改后提出了结冰条件下第二飞行阶段要满足的单发爬升梯度要求,即在满足 25.121(b)(2)(ii)有关失速速度或爬升梯度减少量要求的条件下,在起飞第二阶段,当飞机

序号	条款	更改说明
		带有附录 C 所定义的起飞冰积聚时,飞机应满足 25.121(b)(1)给出的爬升梯度要求,即双发飞机不低于 2.4%,三发飞机不低于 2.7%,四发飞机不低于 3.0%。这与飞机在非结冰条件下的爬升梯度相同。25.121(b)(2)(ii)的要求:在结冰条件下,如果处于 25.121(b)的形态时带有附录 C 所定义的起飞冰积聚,则 (A) 飞机在最大起飞重量时的失速速度,比非结冰条件下的失速速度高 3 kn 校正空速或 3%V_{SR}(取较大者); (B) 依据 25.121(b)所确定的爬升梯度的减小值,大于按 25.115(b)定义的适用实际起飞飞行航迹与净起飞飞行航迹梯度之差的一半 25.121(c)更改后提出了结冰条件下第四飞行阶段要满足的单发爬升梯度要求,即在满足 25.121(c)(2)(ii)有关失速速度或爬升梯度减少量的要求条件下,在起飞第四阶段,当飞机带有附录 C 所定义的起飞最后阶段的冰积聚时,飞机应满足 25.121(c)(1)给出的爬升梯度要求,即双发飞机不低于 1.2%,三发飞机不低于 1.5%,四发飞机不低于 1.7%。这与飞机在非结冰条件下的爬升梯度相同。25.121(c)(2)(ii)的要求:在结冰条件下,如果处于 25.121(b)的形态时带有附录 C 所定义的起飞末端冰积聚,则 (A) 飞机在最大起飞重量时的失速速度,比非结冰条件下的失速速度高 3 kn 校正空速或 3%V_{SR}(取较大者); (B) 依据 25.121(b)所确定的爬升梯度的减小值,大于由 25.115(b)定义的实际起飞飞行航迹与净起飞飞行航迹梯度之差的一半 25.121(d)更改后提出了结冰条件下进近飞行阶段需满足的单发爬升梯度要求。在进近飞行阶段,当飞机带有附录 C 所定义的进近阶段冰积聚时,飞机应满足 25.121(d)(1)给出的爬升梯度要求,即双发飞机不低于 2.1%,三发飞机不低于 2.4%,四发飞机不低于 2.7%。这与飞机在非结冰条件下的爬升梯度相同
8	25.123 条"航路飞行航迹",修订(a)款的引言文字和(b)款	25.121(a)款就计算航路飞行航迹的速度要求进行了修改,由原来的"必须按下列条件为任何选定速度确定飞行航迹"更改为"必须按下列条件以不小于 V_{FTO} 的速度确定飞行航迹" 25.123(b)款的更改:提出制定结冰条件下航路飞行航迹的补充要求。在满足 25.123(b)(2)条件下,要求制定飞机带有附录 C 所定义的航路冰积聚的结冰条件下的航路飞行轨迹。25.123(b)(2)要求在结冰条件下,飞机带有附录 C 所定义的航路冰积聚: (i)带有航路冰积聚的 1.18 V_{SR} 超过了为非结冰条件所选定航路速度 3 kn 校正空速或 3%V_{SR}(取较大者); (ii)爬升梯度的减小值,大于依据本条(b)所确定的实际飞行航迹与净飞行航迹梯度之差的一半

序号	条款	更改说明
9	修订 25.125 条"着陆"	提出申请人制定飞机在结冰条件下的着陆距离的要求。在结冰条件下,带有附录 C 所定义的着陆冰积聚时,如果最大着陆重量下的 V_{REF} 超过了非结冰条件下 V_{REF} 5 kn 以上,则必须给出结冰条件下的着陆距离。另外,还给出了确定结冰条件下着陆距离时 V_{REF} 应满足的条件。 本次更改还新增了 25.125(g)款,内容如下:如果使用了任何需依靠任一发动机工作的装置,并且在该台发动机不工作时着陆距离会明显增加,则必须按该台发动机不工作来确定着陆距离。除非采用了补偿措施使此时的着陆距离不会大于每台发动机都工作的着陆距离
10	25.143 条"总则",(c)款内容为新增要求,并增补(i)和(j)款。各款序号调整	为(c)款新增结冰验证要求:在附录 C 中规定的飞行各阶段的临界结冰条件下,并且临界发动机不工作且其螺旋桨(如果适用)处于最小阻力位置时,必须表明飞机在下列条件下有足够的安全操纵性能和机动能力。要演示验证的飞行阶段包括①以最小 V_2 进行起飞的阶段;②进近和复飞阶段;③进近和着陆阶段。新增(i)款,规定在结冰条件下演示验证 25.143 的符合性时的推杆机动和杆力要求。新增(j)款,规定在附录 C 所规定的对应冰积聚条件下,在防冰系统开启并执行其预期功能之前,在直至 1.5g 过载系数的拉起机动中飞机是可操纵的,在直至 0.5g 过载系数的推杆机动中不出现俯仰操纵力反逆
11	25.207 条"失速警告",修订(b)款,新增(e)和(h)款,修订重新编号后的(f)款。各款序号进行调整	25.207(b)款修订后,新增除本条(h)(2)(ii)所规定的失速警告外,结冰条件下飞行时的失速警告,必须提供与非结冰条件下相同的失速警告手段。 修订后的 25.207(e)为新增条款,提出低减速率下的防失速要求,即要求在附录 C 规定的起飞、巡航、进近、着陆、复飞各阶段的临界冰积聚情况下,在直线和转弯飞行时有足够的失速警告余度。要求当验证本条的符合性时,飞机减速率应不超过 1 kn/s,飞行员应采取与非结冰条件下相同的改出方式,并且飞行员开始改出机动的时间不早于失速警告出现后 3 s。 修订后的 25.207(f)款对应原来的 25.207(e)款,提出大减速率下的防失速要求。要求在结冰条件下,飞机在 $1.3V_{SR}$ 配平及起落架和襟翼在任何正常位置,在过载 1.5g、减速率至少为 2 kn/s 的减速转弯过程中,在发出失速警告之后不少于 1 s 开始改出时,能够防止飞机失速。要求改出方式与非结冰条件下相同。 新增 25.207(h)款,提出在防冰系统启动并实施其预期功能之前的防失速要求,要求在防冰系统起动并实施其预期功能之前,且飞机带有附录 C 第 Ⅱ 部分(e)款所规定的冰积聚时,在直线和转弯飞行时的失速警告余度必须足以保证飞行员能够阻止失速。按结冰条件和非结冰条件下改出方式是否相同,分别在失速告警出现后 1 s 和 3 s 进行改出时予以验证

(续表)

序号	条款	更改说明
12	25.237 条"风速",修订(a)款	修订(a)款,明确了确定结冰条件下侧风分量的要求。对起飞侧风分量,规定无冰积聚条件下确定的侧风分量对于结冰条件是有效的;对着陆侧风分量,要求必须按非结冰条件以及带附录 C 所定义的着陆冰积聚的结冰条件分别确定
13	25.253 条"高速特性",修订(b)款并增加新的(c)款	修订(b)款,与 25.143 条的更改相协调,把原来引用的 25.143(f)改为 25.143(g)。新增 25.235(c),要求制定结冰条件下飞机具有稳定性的最大速度
14	25.773 条"驾驶舱视界",修订(b)(1)(ii)	将 25.773(b)(1)(ii)中"如果要求按带有防冰装置进行审定"改为"如果要求按结冰条件下飞行进行审定",明确了 25.1419 是结冰条件下飞行的审定要求,而不仅仅是对防冰装置的审定要求
15	25.941 条"进气系统、发动机和排气系统的匹配性",修订(c)款	修订(c)款,把原来引用的 25.143(d)、143(e)、143(c)改为 25.143(e)、143(f)、143(d),以与 25.143 条的更改相协调
16	25.1419 条"防冰",修订引言部分	明确了 25.1419 条的适用范围,将"申请带有防冰装置的合格审定"更改为"申请进行结冰条件下飞行的合格审定",明确了 25.1419 适用于提出结冰条件下飞行审定的申请人,而不仅仅是申请带有防冰装置的合格审定的申请人
17	修正 25 部附录 C,增加第 I 部分的标题和第 I 部分的(c)款,并增加第 II 部分	(1) 修订后的 25 部附录 C 分成两部分要求,并增加两个部分的编号和标题。第 I 部分的标题为"第 I 部分——大气结冰条件",除包含原有的(a)款和(b)款外,增加第 I 部分的(c)款,规定了起飞最大结冰对应的结冰条件。 (2) 新增"第 II 部分——用于表明对 B 分部的符合性的机身冰积聚条件",规定了在起飞、巡航、等待、进近和着陆各阶段冰型的定义,以及防冰系统起动并实施其预期功能之前的冰型的定义。在表明对于 B 分部结冰条件下飞机性能与操纵性要求的符合性时,必须使用每一个飞行阶段的临界冰型或更临界的冰型。在附录 C 第 II 部分明确了确定临界冰型的准则

4.4.2 FAR-25 129 号修正案

FAR-25 129 号修正案名称为"防冰启动",正式生效日期为 2009 年 9 月 2 日。

FAR-25 129 号修正案要求飞机上应安装相应装置或采取一种手段能保证机体防冰系统可以及时启动。该项规章旨在提高新设计飞机在结冰条件下运行的安全水平。

1994 年 10 月 31 日,一架 ATR 72 系列运输类支线飞机在结冰条件下发生了事故,此事故促使 FAA 立即启动了关于飞机空中结冰安全性的审查,并决定了一些旨在提高安全水平的更改。FAA 向航空规章制定咨询委员会(ARAC)提出了委托任务，由其考虑是否有必要采用探冰器或其他可接受的装置，可以向飞行机组人员发出告警。FAA 基于 ARAC 的建议制定了本项修正案。

FAA 发布 129 号修正案是基于以往发生的事故或事件，旨在解决飞行机组人员未能及时启动机体防冰系统(IPS)，以及飞行机组人员在观察冰积聚的同时，还要手动循环操作防冰系统而引起的超工作负荷的问题。

129 号修正案删除了飞行员根据参考表面上冰积聚是否达到规定的尺寸(而不是刚刚出现结冰)才启动机体 IPS 的陈述和相关要求。修正案要求采用下述三种方法之一来检测结冰和启动机体 IPS：①一套能够自动启动或向飞行机组人员发出启动机体 IPS 告警的主探冰系统；②一套辨识冰积聚最早征候的目视探冰装置加上一套向飞行机组人员发出启动机体 IPS 的提示系统；③预先规定引起机体结冰的条件，当存在这些条件时飞行机组人员据此启动机体的 IPS。此项要求使飞行机组人员明确知道何时需要启动机体的防冰系统。

修正案还要求机体的 IPS 在初始启动以后能够连续工作(如热防冰)，或能周期性地自动循环工作(如除冰囊)；或者安装一套探冰系统，每当必须除冰时向飞行机组人员发出告警信号。飞机可以安装热防冰 IPS 或以循环方式工作的 IPS。热防冰系统通常是连续工作的，除冰系统通常是循环工作的。此项要求旨在减轻机组人员观察冰积聚的工作负荷。

FAR-25 129 修正案的具体条款修订情况如表 4-4 所示。条款原文在表 4-4 中没有引用，如需要可以参看对应的 25 部，阅读原文内容。

表 4-4　FAR-25 129 号修正案修订的条款

序号	条款	更改说明
1	25.143"总则"修订(j)款，删除了原(j)(1)项内容	飞行员看到参考表面有规定冰积聚(并非冰积聚的最早征候)再启动 IPS 不属于本次修正案许可的三种方法之一，所以就不再需要关于这种方法的规定。据此，对 25.143(j)和 25.207(h)做了少量协调更改，删除由飞行员看到参考表面有规定冰积聚再做出响应启动 IPS 的陈述和相关要求
2	25.207"失速警告"修订(b)和(h)款并增加新的(i)款	删除了 25.207(b)中对 25.207(e)的引用，由于既无关联性又不属于例外，对 25.207(e)的引用容易引起混淆，所以予以删除。 删除(h)(1)飞行员看到参考表面有规定冰积聚(并非冰积聚的最早征候)再启动 IPS 的相关陈述和规定。飞行员看到参考表面有规定冰积聚(并非冰积聚的最早征候)再启动 IPS 不属于本次规章制定许可的上述三种方法之一，所以就不再需要关于这种方法的规定。另外还对 25.207(h)进行了少量可提高其可读性的更改，包括把 25.207(h)(2)(ii)的已有部分内容移至新的 25.207(i)款；对 25.207(h)款重新进行了编排

(续表)

序号	条款	更改说明
3	25.1419,增加新的(e)(f)(g)和(h)款	(e)款:要求采用以下三种方法之一进行探冰和启动机体IPS:①一套能够自动启动或向飞行机组人员发出启动机体IPS告警的主探冰系统;②一套辨认冰积聚最早征候的目视探冰装置加上一套向飞行机组人员发出启动机体IPS告警的提示探冰系统;③预先规定引起机体结冰的条件,当存在这些条件时供飞行机组人员据此启动机体的IPS。 (f)款:要求"除申请人能够表明机体防冰系统可以不必工作的一些特定飞行阶段外,本条的(e)款适用于所有飞行阶段。"本款将许可申请人在特定的飞行阶段,机体IPS不需要工作,但必须通过25.1309和25.143条表明在这些飞行阶段能保证飞行安全。 (g)款:要求"机体防冰系统首次被启动以后,(1)防冰系统的设计必须使其能连续工作;(2)飞机必须安装一套能够使防冰系统自动循环工作的系统;(3)必须提供探冰系统,每当防冰系统必须循环时都能够向机组发出告警信号。"(g)(1)主要适用于热防冰IPS,(g)(2)和(3)适用于以循环方式工作的机体IPS。 (h)款:要求"必须制定防冰系统操作程序并将其纳入飞机飞行手册,包括启动和取消启动的程序。"
4	25部附录C第Ⅱ部分(e)款	为与25.207的更改相协调,在附录C第Ⅱ部分(e)款增加对25.207新增的(i)款的引用

4.4.3　FAR-25 140 号修正案

FAR-25 140 号修正案并 FAR-33 34 号修正案名称为"过冷大水滴、混合相及冰晶结冰条件下飞机和发动机的审定要求",正式生效日期为 2015 年 1 月 5 日。

FAA 发布第 140 号修正案是基于在美国印第安纳州发生的一起结冰飞行事故。1994 年,一架 ATR72 飞机在印第安纳州的罗斯兰德发生了坠机事故。事故调查结果是飞机遭遇了冻毛毛雨,这种冻毛毛雨在机翼上表面除冰套之后、副翼之前的区域生成了冰脊,冰脊造成飞机发生非指令滚转,并最终导致飞机失事。而当时的 FAR-25 附录 C 结冰条件要求中并不包含冻雨或冻毛毛雨。基于此,美国国家运输安全委员会(NTSB)要求对飞机结冰条件下的审定要求进行修订。

按 NTSB 要求,FAA 要求航空规章制定咨询委员会(ARAC)通过它的防冰协调工作组完成下述工作:

(1) 对包括过冷大水滴在内的结冰条件提出定义。

(2) 对混合相结冰条件(包括过冷大水滴和冰晶)提出定义。

(3) 对飞机在过冷大水滴条件下的飞行能力提出评估要求,包括飞机有能力在过冷大水滴和混合相结冰条件下可以不受限制地安全飞行,或能够在过冷大水滴和混合相结冰条件下飞行直至飞机可以安全退出这些结冰条件。

（4）研究结冰审定要求的变化对 25.773 飞行员驾驶舱视界、25.1323 空速指示系统和 25.1325 静压系统的影响。

（5）考虑制定迎角探头冰防护要求。

FAA 最终对结冰条件下的审定要求提出如下修订内容：

（1）扩大结冰条件范围，纳入冻雨和冻毛毛雨结冰条件。

（2）要求受过冷大水滴结冰影响最大的那类飞机，在扩大后的结冰条件中满足一定的安全标准，包括飞机性能和操稳品质要求。

（3）扩展发动机和发动机安装的结冰审定要求，以及一些飞机部件的审定要求（如迎角和空速指示系统），将冻雨环境、冻毛毛雨环境、混合相和冰晶结冰条件都包括在内。

2015 年 1 月 5 日，FAR - 25 140 号修正案并 FAR - 33 34 号修正案发布，修正案对 25 部运输类飞机适航标准和 33 部飞机发动机适航标准中与结冰条件下飞行相关的适航标准进行了修订。对受过冷大水滴影响严重的这一类飞机，提出过冷大水滴结冰条件要求；对涡轮喷气发动机、涡轮风扇发动机和涡轮螺旋桨发动机提出过冷大水滴、混合相以及冰晶结冰条件的审定要求。

除对现行相关条款进行修订外，修正案同时增加如下新的条款要求：25.1324 迎角系统、25.1420 过冷大水滴结冰条件、25 部附录 O 过冷大水滴结冰条件、33 部附录 D 混合相和冰晶结冰包线。

为提高运输类飞机在过冷大水滴、混合相和冰晶结冰条件下的安全性，新规章要求受过冷大水滴影响最大的这类飞机在比附录 C 扩大的结冰条件（包括冻毛毛雨和冻雨）中须达到一定的安全标准，包括飞机的性能和操纵品质要求。另外应当扩展发动机、发动机安装以及一些飞机部件（如迎角和空速指示系统）在结冰条件下的审定要求，将冻毛毛雨、冻雨、混合相和冰晶结冰条件都包括在内。

FAA 在发布 140 号修正案前向航空企业、航空公司、航空协会以及公众征求意见。下面是一些主要的反馈意见以及 FAA 的答复。

（1）关于过冷大水滴规章要求的符合性验证方法，有意见指出，现有的各种表明符合性的工程方法（包括冰风洞、喷水飞机、结冰软件和其他分析方法）都显不足。American Kestrel 公司（AKC）表示，目前现有测试设备产生冻雨的能力有限，特别是针对 MVD 大于 40 μm 的冻雨雨滴。25 部附录 O 提供的水滴分布曲线不是由 AKC 已知的任何设施所产生的，也没有任何设施可以复制地面或飞行验证所需的冻雨环境。

FAA 表示同意这一观点，所以将飞行试验作为可选符合性方法保留在规章当中。在工程方法变得更加成熟之前，为了按照 25.1420(a)(3) 完成附录 O 条件下无限制飞行的符合性验证，可能需要在附录 O 自然结冰条件下完成飞行试验。

(2) 关于 25.1420 过冷大水滴结冰条件适用的飞机,FAA 在 25.1420 规定为最大起飞重量(MTOW)小于 60 000 lb 或装备了可逆飞行操纵器件的飞机。波音公司和美国通用航空制造商协会(GAMA)发表评论,支持基于 MTOW 来确定 25.1420 适用性的方法,因为 MTOW 达到 60 000 lb 或更大飞机的飞行经历表明,这些飞机没有发生过与过冷大水滴相关的事故或事件。FAA 最初的观点是无论 MTOW 如何,25.1420 的适用性必须包括所有新飞机,然而,这些飞机在过冷大水滴下服役经历良好(即没有事故),如果将该规章要求扩展到包括 MTOW 大于或等于 60 000 lb 的飞机,则预计所造成的成本增加将会超过飞机预期能获得的收益。关于安装可逆飞行操纵器件飞机,由于过冷大水滴积聚可能产生较大的铰链力矩或其他异常操纵力,这将使安装可逆操纵器件的飞机变得不安全,而使用不可逆动力操纵器件可以降低飞机对过冷大水滴条件的敏感性。

反对根据 MTOW 确定 25.1420 适用性的评论认为,飞机升力和操纵面尺寸或机翼弦长是影响结冰敏感性的重要参数,而机翼和操纵面尺寸与飞机重量的比例在不同的飞机设计中是不同的。反对根据操纵系统是否可逆确定适用性的评论认为,铰链力矩和其他异常操纵力不是过冷大水滴结冰条件下的唯一问题,安装不可逆操纵系统的飞机的操纵面可能不会因过冷大水滴累积而偏转,但操纵面的气动效率可能会因过冷大水滴结冰而降低。

FAA 综合考虑各方意见,以及预计的成本和预期可获得的收益,最终在 25.1420 条款限定过冷大水滴结冰条件适用于最大起飞重量小于 60 000 lb,或安装了可逆操纵器件的飞机。

需要说明的是欧洲航空安全局(EASA)并不支持 FAA 关于过冷大水滴条款适用性的限制,提出的过冷大水滴结冰条件将适用于所有新型运输类飞机(不限于某一类别的运输类飞机)。EASA 认为相比于附录 C 的结冰条件,过冷大水滴撞击飞机表面后出现结冰的区域会向后延伸,这将影响所有飞机的性能和操纵品质。大型飞机的设计确实比小型飞机在升力面污染上更不敏感。但不能假设这样的设计在未来飞机上不会改变,也不能表明过去的经验仍然适用。而适航规章应在未来数十年中适用,当今很难预测未来飞机设计的发展。

关于附录 O 过冷大水滴结冰条件是否适用于 23 部飞机以及之前已取证的飞机,FAA 认为,尽管严重的结冰情况(包括 SLD)可以对当前和未来的飞行造成危险的飞行条件,然而,FAA 不同意将过冷大水滴修正案追溯至现有的飞机,因为这种追溯将改变已取证飞机的审定基础,而纠正运行中不安全状况通常是由适航指令(AD)加以完成的。

(3) 关于附录 O 过冷大水滴结冰条件对 25.773 驾驶舱视界的适用性,美国航空航天工业协会(AIA)、空客、波音和 GAMA 等认为,目前还没有任何已知事件表明在过冷大水滴条件下风挡玻璃结冰会造成安全隐患。服役经历已经证明了驾驶舱风挡玻璃在附录 O 结冰条件下的安全性。他们认为对未来的驾驶舱风挡玻璃设计,应继续按附录 C 结冰条件进行审定,同时考虑类似设计在附录 O 条件下良好的服役历史,应能保证未来设计的安全性。FAA 不同意这个观点,认为 25.773 旨在确保在结冰条件下至少能有部分风挡玻璃可以保持清晰,这提高了结冰条件下的飞行安全性。不仅当飞机处于附录 O 结冰条件时,在飞机遭遇并退出不允许飞行的所有结冰条件时,飞行员都必须有可能清晰地看到风挡玻璃以外的景象。对于申请在附录 O 全部或其部分条件下飞行的飞机,需要在飞机处于适用的结冰条件的整个时间段内考虑附录 C 以及附录 O 结冰条件。

　　(4) 关于附录 O 对 25.1323"空速指示系统"、25.1324"迎角系统"和 25.1325"静压系统"的适用性。AIA、空客、波音和 GAMA 等认为,目前还没有已知事件支持过冷大水滴条件下迎角系统的飞行安全问题。他们认为附录 O 条件下这些部件系统的安全性已经被服役历史证明,建议从 25.1323、25.1324 和 25.1325 的要求中删除附录 O 要求。FAA 不同意这个观点,认为如果申请在结冰条件下飞行,则 25 部要求飞机能够在所有结冰条件下安全运行。在结冰合格审定中飞机及其部件都要被审定。因此应考虑所有的结冰条件。25.1323、25.1324 和 25.1325 应考虑附录 O 的过冷大水滴结冰条件。

　　FAR - 25 140 号修正案并 FAR - 33 34 号修正案条款的具体修订内容如表 4 - 5 所示。具体条款内容可以在 FAA 网站下载、查看。

表 4 - 5　FAR - 25 140 号修正案并 FAR - 33 34 号修正案修订的条款

序号	条款	更改说明
1	25.21 证明符合性的若干规定	修订了(g)(1)和(2)项,增加了(g)(3)和(4)项要求。 (g)(1)项:规定了附录 O 过冷大水滴要求的适用性,即 MTOW 小于 60 000 lb,或飞机装有可逆操纵器的飞机。 (g)(2)项:给出 B 分部条款中无须考虑符合附录 C 结冰条件的例外条款,此次更改将原来的"在结冰条件下"表述更改为"在附录 C 规定的结冰条件下"。 (g)(3)项:给出如不申请附录 O 结冰条件下飞行,则为保证在遭遇附录 O 结冰条件下飞机能安全飞离该结冰条件,除该项提到的条款外,其他 B 分部条款都需要考虑附录 O 条件。同时对冰型及验证时的操作程序提出要求。 (g)(4)项:给出如申请在附录 O 任何条件下飞行,除该项提到的条款外,其他 B 分部条款都需要考虑附录 O 条件。针对 25.207(c)和(d)只需着陆构型满足附录 O 要求。(g)(4)项还对冰型及验证时的操作程序提出要求
2	25.105 起飞	修订了 25.105(a)(2),结冰验证除了保留原来的附录 C 结冰条件外,还增加了按 25.21(g)的适用性考虑附录 O 结冰条件

序号	条款	更改说明
3	25.111 起飞航迹	修订了 25.111(c)(5)(i)和(ii),结冰验证除了保留原来的附录 C 结冰条件外,还增加了按 25.21(g)的适用性考虑附录 O 结冰条件
4	25.119 着陆爬升:全发工作	修订了 25.119(b),结冰验证除了保留原来的附录 C 结冰条件外,还增加了按 25.21(g)的适用性考虑附录 O 结冰条件
5	25.121 爬升:单发停车	修订 25.121(b)(2)(ii)、(c)(2)(ii)、(d)(2)(ii),结冰验证除了保留原来的附录 C 结冰条件外,还增加了按 25.21(g)的适用性考虑附录 O 结冰条件
6	25.123 航路飞行航迹	修订了 25.123(b)(2),结冰验证除了保留原来的附录 C 结冰条件外,还增加了按 25.21(g)的适用性考虑附录 O 结冰条件
7	25.125 着陆	修订了 25.125(a)(2)、(b)(2)(ii)(B)、(b)(2)(ii)(C),结冰验证除了保留原来的附录 C 结冰条件外,还增加了按 25.21(g)的适用性考虑附录 O 结冰条件
8	25.143 总则	修订了 25.143(c)、(i)(1)、(j),结冰验证除了保留原来的附录 C 结冰条件外,还增加了按 25.21(g)的适用性考虑附录 O 结冰条件
9	25.207 失速警告	修订了 25.207(b)、(e)(1)、(e)(2)、(e)(3)、(e)(4)、(e)(5)、(h),结冰验证除了保留原来的附录 C 结冰条件外,还增加了按 25.21(g)的适用性考虑附录 O 结冰条件
10	25.237 风速	修订了 25.237(a)(3)(ii),结冰验证除了保留原来的附录 C 结冰条件外,还增加了按 25.21(g)的适用性考虑附录 O 结冰条件
11	25.253 高速特性	修订了 25.253(c),结冰验证除了保留原来的附录 C 结冰条件外,还增加了按 25.21(g)的适用性考虑附录 O 结冰条件
12	25.903 发动机	修订了 25.903,新增了 25.903(a)(3)款。该款要求安装的发动机必须满足 33.68 条的要求。33.68 是 FAR - 33 发动机适航要求的条款,标题为"发动机引气系统结冰"
13	25.929 螺旋桨除冰	修订了 25.929(a)款,明确了形成积冰的结冰条件为本规章附录 C 结冰条件和附录 O 经批准部分的结冰条件
14	25.1093 进气系统的防冰	修订了 25.1093(b)款,将原来的整段分为 3 小段。第 1 段明确提出发动机应能在整个飞行功率(推力)范围内,在本规章附录 C、附录 O 结冰条件和 33 部附录 D 的结冰条件,以及型号限制内的降雪和扬雪下正常工作。另外对发动机、进气系统和机身部件上冰积聚的不可接受的影响进行了详细规定。第 2 段修改了地面试验的结冰状态,过冷水滴状态将水滴平均有效直径从最小 20 μm 更改为最小 100 μm,另外还增加了霜冰和明冰的试验状态。第 3 段强调附录 O 的结冰条件(包括地面试验的大水滴条件)不适用于最大起飞重量等于或大于 60 000 lb 的飞机

序号	条款	更改说明
15	25.1324 迎角系统	25.1324 为本次修正案新增条款。要求在 25.1323 定义的大雨条件、33 部附录 D 的混合相和冰晶条件、25 部附录 C 和附录 O 条件下，针对 25.1420 的三种申请情况，每个迎角传感器都必须加热或具有同等的防止故障的手段
16	25.1325 静压系统	对 25.1325(b)(2) 款进行了更改。25.1325(b)(2) 要求在结冰条件下，静压系统内的空气压力和真实外界大气静压间的关系保持不变。在更改前结冰条件限定为附录 C 的最大连续结冰和最大间断结冰，更改后增加了附录 O 的结冰条件
17	25.1420 过冷大水滴结冰条件	本条为新增条款。条款规定对寻求在结冰条件下飞行的飞机，除了要满足 25.1419 外，对最大起飞重量小于 60 000 lb，或安装了可逆操纵器件的飞机，还必须按 25.1420(a)(1)、(2)、(3) 三种情况能在附录 O 结冰条件下安全飞行或离开结冰区。25.1420(a)(1)、(2)、(3) 规定的三种情况如下：(1) 飞机不寻求在附录 O 条件下飞行，但在飞机遭遇附录 O 结冰条件后能够探测发现情况并能安全离开；(2) 飞机寻求在附录 O 部分结冰条件下飞行，但飞机一旦超出该申请部分的结冰条件，飞机就能探测发现并安全离开所有结冰条件；(3) 飞机能在附录 O 所有结冰条件下飞行。25.1420(b) 款提出了表明 25.1420(a) 款符合性的方法。25.1420(c) 款要求对申请在全部或部分附录 O 结冰条件下飞行的申请人，25.1419(e)、(f)、(g)、(h) 的要求也需要在附录 O 对应结冰条件下得到满足
18	25.1521 动力装置限制	将 25.1521(c)(3) 重新编号为 (c)(4) 并做文字更改，为 (c)(3) 增加新的内容。25.1521(c)(3) 要求按 25.1093(b)(2) 的定义制定下述使用限制：从慢车开始加速的最大时间间隔、加速功率设置和对应动力状态下的持续时间。(c)(4) 仅更改表述，内容无实质性更改
19	25.1533 附加使用限制	增加新的 25.1533(c) 款，要求对按照 25.1420(a)(1) 或 (2) 审定的飞机，应建立如下使用限制：①对附录 O 未经审定能安全飞行的结冰条件，禁止飞机在该结冰条件下进行有意的飞行，包括起飞和着陆。②如果飞机遭遇附录 O 未经审定可以安全飞行的结冰条件，则要求飞机能脱离所有的结冰条件
20	附录 C，第 Ⅱ 部分	修订了附录 C 第 Ⅱ 部分 (a)(1)、(a)(2) 和 (d)(2)，三处都对起飞结冰的起始时点重新进行了明确，即从起飞距离结束的点开始算起。起飞的结冰暴露时间为从起飞距离结束时到飞机飞离起飞表面 400 ft 时
21	附录 O 过冷大水滴结冰条件	附录 O 为新增内容，定义了过冷大水滴结冰气象条件和附录 O 条件下不同飞行阶段的冰型。附录 O 和附录 C 结构相同，包括两部分，第 Ⅰ 部分为大气结冰条件，第 Ⅱ 部分为用于表明 B 分部符合性的冰型

（续表）

序号	条款	更改说明
22	33.68 进气系统的结冰	对 33.68 进行了更改,具体见条款内容。33.68 对发动机在 25 部附录 C、附录 O 以及 33 部附录 D 结冰条件下,发动机的工作及验证试验进行了规定
23	33.77 外来吸入——冰	对 33.77 进行了更改,具体见条款内容。33.77 对发动机吸入冰以及发动机吸冰地面试验要求等进行了规定
24	33 部附录 C	新增附录 C,留空,为后续非结冰条件的相关内容预留位置
25	33 部附录 D 混合相和冰晶结冰包线(深对流云团)	附录 D 为新增附录,对混合相和冰晶结冰条件进行了规定,具体见附录 D 内容

4.5　结冰适航验证工作概述

　　运输类飞机结冰适航验证工作主要围绕 25.1419 和 25.1420 来开展,这些条款规定了飞机必须在 25 部附录 C 中的连续最大和间断最大结冰条件以及附录 O 中的特定结冰条件下安全飞行。符合性依据就是当飞机进入结冰条件后所有安装的防冰系统都能正常运行且在整个飞行包线中发挥设计的预期功能。在整个结冰适航验证过程中,对结冰后飞行性能/操纵品质的评估是工作重点。对飞机结冰的飞行性能和操纵品质的评估如果能证明飞机在严重结冰条件下能够安全飞行,就说明飞机达到了适航审定要求。结冰适航验证工作主要如下:确定临界结冰条件,进行临界冰型设计、冰风洞试验、带冰气动评估风洞试验,模拟冰型试飞和自然结冰试飞,进行冰脱落验证等。

　　结冰适航验证工作开展的前提是编制型号的结冰合格审定计划,为整体的结冰适航验证工作制订工作计划。合格审定计划应包括飞机的气动布局描述以及防冰策略;相关适航条款与符合性验证思路;符合性方法;符合性验证试验清单;符合性文件清单,主要工作计划等。其中相关适航条款与符合性验证思路要对上述结冰适航验证工作进行阐述。常用的结冰适航验证整体思路如图 4-1 所示。

　　确定严重结冰条件的方法就是进行飞机结冰参数敏感性分析。通过在不同的大气环境条件和飞机飞行属性条件下分析与计算,获得严重影响飞机飞行的结冰条件参数。需要考虑的条件参数有环境温度、MVD、LWC、云层范围、飞机构型、飞行速度、高度和迎角、飞行时间等。这项工作以结冰数值计算软件为主要方法,进行各种条件的选择并完成计算分析,根据结冰外形主要参数确定严重结冰条件,如图 4-2 所示。

　　根据 AC 20-73A 附录 B,临界冰型指在规定结冰条件下飞机表面形成的冰型,

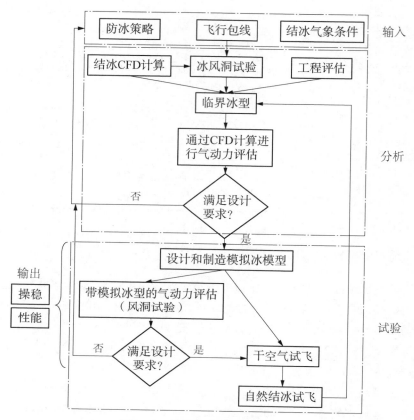

图 4-1　结冰适航验证整体思路

图 4-2　确定临界结冰条件流程图

它会对当时的安全飞行要求造成最不利的影响。对于同一个飞机表面,针对不同的要求临界冰型也会有所不同。利用分析获得的严重结冰条件,通过数值计算方法产生初步临界冰型;然后根据适航条例要求的结冰大气环境条件和飞机各条件,开展模拟飞机结冰的冰风洞试验;利用冰风洞试验设施模拟真实的结冰条件,生成飞机部件实际的冰型;使用结冰相似准则,综合数值计算和冰风洞试验结果确定最终临界冰型。在确定临界冰型时,应注意:以每个飞行阶段的操纵特性和/或性能来确定最临界的结冰;对于每一飞行阶段,考虑翼弦方向和翼展方向的冰型形状以及冰型的粗糙度(反映大气结冰条件的全部范围)。

飞机带冰后的气动特性的影响主要来自积冰对于飞机表面边界层产生的影响。如果在能够产生表面压力的局部气流减速区发生结冰,或者在不利于保持气流附着的飞机表面发生结冰,则当气流越过冰型的表面时,会产生最不利的影响。

带模拟冰型的风洞试验:根据数值计算和冰风洞试验得到的飞机结冰冰型进行加工,得到风洞试验冰条模型,再安装至飞机风洞模拟的相应表面上,开展全机气动力风洞试验来获得飞机带冰后的气动力特性。带模拟冰型的风洞试验应评估飞机在高速、低速构型下的两种情况。带模拟冰型的风洞试验主要是建立飞机带冰气动试验数据集,供性能和操稳专业评估使用,也为后续开展模拟冰型试飞提供评估数据。

带模拟冰型的干空气试飞:根据对数值计算和冰风洞试验得到的飞机不同部位的冰型形状的分析,加工模拟冰型并安装在试飞飞机相应表面,开展干空气试飞来获得飞机带冰后的气动力特性。模拟冰型试飞是整个结冰适航验证体系中风险性最高的工作,模拟冰型的临界性通常高于自然结冰试飞所结的实际冰型,并且验证的冰型范围广,难度和风险都很高。

自然结冰试飞:通过自然结冰试飞,对飞机结冰的数值计算冰型和冰风洞试验冰型进行验证,说明干空气条件下的试飞得到的冰型是保守的,对气动性能、操稳的评估是符合适航条款要求的;同时也能检验飞机各系统,尤其是防冰系统在自然结冰条件下能否正常工作,并证明飞机设计的结冰防护能力是足够的;此外还可对冰脱落问题进行试飞验证。自然结冰试飞是结冰适航验证的最后一个环节,由于实际的结冰气象条件难以捕捉,因此自然结冰试飞的完成难度较高。目前全世界与结冰相关的规章中的气象条件基本都是依据北美五大湖地区为基础制定的,过去不少机型的自然结冰试飞都在北美五大湖地区开展,包括中国的 ARJ21 - 700 飞机的自然结冰试飞。近年来,随着全球气候变化以及气象部门大量的数据支持,中国国内开展自然结冰试飞的条件相比前些年有很大改善。

冰脱落问题是一类特殊的问题,对于飞机表面结冰后发生脱落,通常关注脱落冰块是否打入发动机,从而引起发动机的叶片损伤、推力损失甚至停车。对冰脱落问题的验证没有一个统一可行的工业方法,虽然研究手段较多,包括风洞投放、脱落形式分析、运动轨迹计算、飞行试验验证等,但即使是认可度较高的飞行试验验证,也只能覆盖极其有限的飞行状态。

4.6　防(除)冰适航验证工作概述

运输类飞机防(除)冰适航验证工作同样主要围绕25.1419 和 25.1420 来开展,针对适航规章 25 部相关条款的要求,依据系统关键设计指标,通过选用合适的验证方法开展一系列验证活动并最终表明系统的符合性,防(除)冰系统验证主要包括系统功能和性能验证两大方面。防(除)冰系统适航验证方法涉及说明性文件(MC1)、分析/计算(MC2)、安全评估(MC3)、试验室试验(包括冰风洞试验、台架试验等)(MC4)、地面试验(MC5)、飞行试验(包括干空气试飞、自然结冰试飞)(MC6)、航空器检查(MC7)、设备合格性(MC9)等。

说明性文件主要通过防(除)冰系统设计架构说明、安装图样、系统描述文件等表明适航符合性。

分析/计算主要通过 CFD 仿真分析进行飞机飞行包线及结冰气象包线内结冰防护范围分析、防冰热载荷分析、防护表面加热特性分析等,重点关注防护表面后流冰状态。其中,分析工况点通过结冰参数敏感性分析确定,仿真模型则基于前缘防护缝翼的外形及供气参数综合确定。

安全评估主要通过开展防(除)冰系统功能危险性评估(FHA)、初步系统安全性评估(PSSA)、故障模式及影响分析(FMEA)、系统安全性评估(SSA)、共模分析(CMA)、区域安全性评估(ZSA)及特定风险评估(PRA)等表明系统满足相关安全性指标。

根据 AC 25-28 的指导,以上分析/计算和安全评估分析工作需注意以下事项,以确保防(除)冰设备能达到预期的设计目标,飞机在整个附录 C 和特定附录 O 结冰条件下能够安全飞行。

(1)分析结冰过程中的水滴撞击和冰型,预测防护区域和未防护区域的结冰情况,同时分析结冰部位局部流动对探测装置位置的影响。数值计算中水滴撞击分析需要对机翼表面、水平和垂直安定面、螺旋桨以及所有其他可能结冰的重要表面进行模拟。分析中应考虑各种飞机飞行姿态、飞行阶段和相关的飞行迎角。另外还应当建立上下机翼的水滴撞击极限模型,以便用于建立机翼表面的结冰极限和防冰系统覆盖率的关系。

(2)确定临界冰型时应考虑后流冰以及后流冰脱落造成的潜在危害,当评估临界冰型的影响时,可以使用模拟的后流冰的形状。

(3)当前水滴轨迹和撞击分析方法还不能精确地预测冰脱落所造成的损伤,需要通过自然结冰试飞和干空气试飞确定冰脱落轨迹。

(4)结冰防护区域和组件分析用于评估飞机在 25 部附录 C 结冰条件下和附录 O 部分结冰条件下安全运行的能力,并确定哪些组件将被保护以及保护区域的保护等级。如果确定某些关键区域不需要防护,则必须证明该区域并不会对系统和设备(如皮托管)的运行和工作产生影响。

(5)分析在不同结冰气象条件、飞机飞行条件、防(除)冰系统工作状态下需要的能源,应该对每个能源进行负载分析或试验,以确定在整个飞行包线里是否有足够的能源提供给防(除)冰系统和飞机的其他基本负荷。

　　(6) 相似性分析是指若有相似型号的飞机已经取得了结冰条件下飞行的批准,则申请人应当详细说明飞机的构型和其在功能、热力学、气动特性等方面的相似性。在相似的基础上评估结冰条件下所使用的防冰系统的功能和工作模式是否符合要求。

　　(7) 防冰系统失效性影响分析方法是将防冰系统失效的风险性分类评估。风险分类通常是一个定量和定性因素相结合的过程。如果是新型号,并且与之前的设计几乎没有相似之处,则需要通过试验完成评估。如果新的设计在本质上是衍生品,则评估可以考虑设计相似的飞机所发生的结冰历史事件。

　　试验室试验主要包括防(除)冰系统台架试验和冰风洞试验。台架试验主要用于验证系统控制功能,包括动态响应等,对于热气结冰防护系统还包括热气管网的流量特性试验(包含压降和温降等)。冰风洞试验用于系统设计需求的确认和验证,需求确认主要指关键设计参数的确认,例如防护范围、局部水收集系数、对流换热系数、压力系数等,需求验证主要包括在热气正常供气范围内(热气结冰防护)或者正常供电情况下(电热结冰防护),防护表面加热特性是否满足指标要求。冰风洞试验模型和工况主要基于防冰数值仿真(严酷临界状态)进行设计和选取。

　　地面试验主要通过在地面上开启防(除)冰系统,以验证其功能是否符合预期状态,包括驾驶舱显示和告警以及部分告警逻辑机上验证。

　　干空气试飞是指飞机飞行中在干空气条件下开启防(除)冰系统,验证系统功能是否正常、结构表面是否出现超温现象、系统开启时防护表面加热性能与仿真分析结果对比是否满足预期,相关分析结果为后续自然结冰试飞提供数据支持。

　　自然结冰试飞根据 25.1419 条款要求,对飞机运行的各种构型在自然结冰条件下进行验证。对于防(除)冰系统而言,自然结冰试飞中至少需考虑以下因素:飞机高速构型、低速构型;热气结冰防护系统需考虑发动机引气构型,包括大推力爬升、巡航、慢车等待、慢车下降以及单引气构型等;系统延迟开启的情况下,根据 AC 20-73A,机翼防冰系统一般考虑延迟 30 s 开启,短舱防冰系统需考虑延迟 2 min 开启;系统本身构型,包括系统正常情况下不同的工作模式和系统某些部件失效时结冰条件下飞机依然可以派遣的构型。自然结冰试飞结果需结合仿真分析和冰风洞试验结果表明系统功能和性能的符合性。

　　航空器检查指通过飞机上相关目视和操作检查确认相关标记标牌满足要求、部件与结构间隙等满足飞机级要求,通过相关检查口盖、通道能方便接近系统部件和管路(具备可达性),并可对需要维护的系统部件和管路进行检查、更换和调整。

　　设备合格性是指通过试验室试验、相似性分析等手段验证防(除)冰系统的部件在规定的环境下满足相关指标要求,其中相似性分析材料须满足类似产品已应用于其他型号并得到相关适航当局的批准。

　　一般来说,部分防(除)冰系统符合性验证流程如图 4-3～图 4-5 所示。

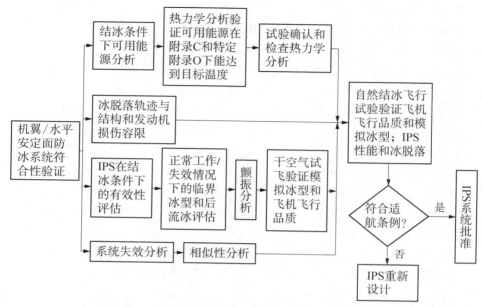

图 4-3 机翼、水平安定面防冰系统符合性验证流程图

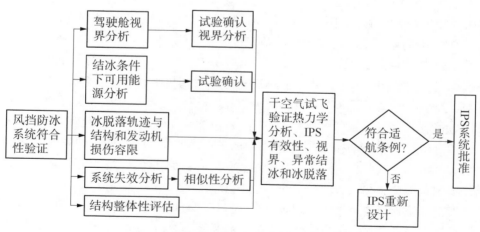

图 4-4 风挡防冰系统符合性验证流程图

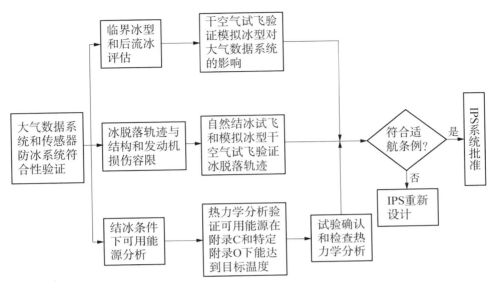

图 4 - 5 大气数据系统和传感器防冰系统符合性验证流程图

第 5 章　结冰和防冰数值模拟与冰风洞试验

　　飞机在结冰条件下飞行时,过冷水滴撞击到飞机的迎风表面产生结冰。不同条件下结冰对飞机的操稳特性影响也不一样,因此需对飞机的结冰和防冰进行分析,以保障结冰后的安全飞行。

　　目前结冰和防冰的主要分析研究手段包括三种:数值模拟、冰风洞试验和飞行试验。由于经济成本的原因,数值模拟和冰风洞试验成为飞机结冰和防冰研究中的重要手段,并在飞机适航审定中占有重要地位。

　　本章先后对结冰和防冰的数值模拟和冰风洞试验进行介绍,可为飞机结冰防护设计提供指导。

5.1　结冰的数值模拟

　　结冰数值模拟采用计算机对合理简化后的数学模型进行求解,模拟水滴撞击特性及结冰过程,得到结冰冰型预测结果。随着计算科学的发展与计算流体力学(CFD)技术的进步,数值模拟方法在飞机结冰分析中越来越重要。

5.1.1　流场计算

　　流场中过冷水滴的运动、水滴与物面的碰撞以及物面结冰的相变过程均在很大程度上取决于绕流流场分布,因此,获得飞机绕流流场的基本信息,是用数值手段进行结冰研究的基础。

　　进行冰外形的数值计算时,随着冰层厚度的增加,物体外形不断变化,流场也发生了变化,需要反复计算新外形的绕流流场,这使得计算的工作量巨大。为了快速获取流场信息,早期的结冰研究代码一般忽略了黏性对结冰的影响,采用面元法计算流场分布;后来又将这种方法与边界层黏性修正方法结合,考虑了黏性的效应。随着计算机技术的发展,计算速度不断提高,近年来,一些结冰研究代码已经开始在流场计算模块中采用求解欧拉(Euler)方程和纳维-斯托克斯(Navier-Stokes, N-S)方程的方法。

虽然面元法在计算中有精度不高以及存在奇点等问题,但是由于计算速度快,到目前为止,仍然被部分结冰研究代码所采用,例如美国的 LEWICE 软件。采用面元法计算流场的结冰研究代码可以快速获得冰的外形,但也存在明显不足,一是结冰计算中没有考虑黏性效应,二是不能直接用于研究冰对气动特性的影响。

N‐S 方程是目前为止描述流体运动最为完备的控制方程组。近年来,随着 CFD 技术的迅速发展,越来越多的程序采用 N‐S 方程求解空气流场,且能够克服面元法的上述缺点。

5.1.2　水滴运动轨迹及撞击特性数值计算

确定部件表面的水滴撞击特性是准确预测飞机表面结冰位置以及冰的形状和类型的关键。下文将介绍水滴撞击特性的定义,推导流场中水滴的运动方程,给出水滴运动方程的求解方法。

1) 部件水滴撞击特性简介

在研究结冰问题的时候,需要确定飞机哪些部件表面结了冰以及部件上冰的大小和范围,这就必须进行部件表面结冰量和结冰区的计算。部件表面的结冰区范围和结冰量大小主要取决于水滴对部件表面的撞击特性。

为了解水滴对部件表面的撞击特性,以机翼为例,首先定性地分析一下水滴绕机翼表面的运动情况。在离机翼较远的地方,气流没有受到干扰,气流流线为直线;当气流靠近机翼表面时,受到了机翼的干扰,流线剧烈弯曲,沿上、下表面流过机翼。悬浮在气流中的水滴,在气流流线为直线的那一段,由于空气的黏性作用,水滴和气流流动特性相同,此时,水滴运动轨迹与气流流线相重合。当水滴靠近机翼时,由于水滴的重量大,因此其惯性也更大,导致水滴轨迹不能如同空气质点那样剧烈弯曲,因此偏离了气流流线,形成了自己的运动轨迹。水滴越大其惯性也越大,偏离流线越显著。

每一个水滴都对应着一个运动轨迹,无数水滴相对机翼运动时,就形成了一个轨迹簇,在水滴运动的轨迹簇中,存在着与机翼上、下表面相切的两条轨迹。在这两条相切轨迹之内的所有水滴全部撞击在机翼表面上;两条相切轨迹之外的水滴,全部绕过机翼而不会与机翼相撞。因此,两条相切轨迹所包围的机翼表面,即为水滴对表面的撞击区;两条相切轨迹之内撞击在翼面上的水滴数量,即为水滴对机翼表面的撞击量。

水滴对表面的撞击区、撞击量,以及水滴在撞击区内的分布,统称为水滴对表面的撞击特性,如图 5‐1 所示。为了定量研究水滴的撞击特性,特引出下述各参数。

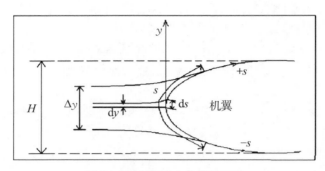

图 5 - 1   水滴撞击特性的定义

（1）水滴撞击极限。

水滴撞击极限（impingement limit）是指飞机在飞行中，水滴所能撞击在机翼表面上最远位置的表面长度与机翼弦长之比，即水滴对机翼表面上、下两条相切轨迹所包围的表面长度 s 与弦长 c 之比。

如撞击极限用 S_m（无因次）表示，则有

$$S_m = \frac{s}{c} \tag{5-1}$$

对于其他形状的物体，水滴撞击极限的意义与上述相同，即水滴撞击在物体表面上最远位置的表面长度与物体的特征尺寸（如圆柱体的特征尺寸为直径）之比。

（2）总收集系数。

总收集系数（total collection coefficient）是指单位翼展长度的机翼表面上实际水滴撞击量 W_m 和翼型可能的最大水收集量 W_{max} 之比。

如总收集系数用 E_m（无因次）表示，则有

$$E_m = \frac{W_m}{W_{max}} \tag{5-2}$$

显然，从图可以看出：

$$E_m = \frac{\Delta y}{H} \tag{5-3}$$

（3）局部水收集系数。

撞击在机翼表面上的水，沿机翼表面的分布是不均匀的。在机翼的前缘部分，所撞击的水量较多，然后沿机翼外形线，水量逐渐减少，直到撞击极限时，所撞击的水为零。确定撞击水量沿机翼表面的分布以后，就可以知道沿表面形成冰的形状，从而可以分析出结冰对飞行的影响并确定机翼表面是否需要防冰。

为了得到撞击水量沿表面的分布,必须进行局部水收集率的计算,为此,引入局部水收集系数 β(local collection coefficient)。β 的意义与 E_m 相似,但 β 是指微元表面的实际的局部撞击水量 W_β 与该微元表面上最大可能的水收集量 $W_{\beta max}$ 之比,因此它是表征微元表面的水收集能力的一个参数。β 可以写成如下形式:

$$\beta = \frac{W_\beta}{W_{\beta max}} \tag{5-4}$$

显然,从图中可以看出:

$$\beta = \frac{\mathrm{d}y}{\mathrm{d}s} \tag{5-5}$$

(4)总撞击水量。

总撞击水量 W_m(total impinging mass flux)是指所有撞击在物面上的水滴总重量,如果流场速度为 V_∞,结冰时间为 $\mathrm{d}t$,则总撞击水量可以表达为

$$W_m = E_m \times LWC \times H \times V_\infty \times \mathrm{d}t \tag{5-6}$$

(5)局部撞击水量。

局部撞击水量 W_β(local impinging mass flux)是指撞击在物面上某局部区域的水滴重量,可以表达为

$$W_\beta = \beta \times LWC \times \mathrm{d}s \times V_\infty \times \mathrm{d}t \tag{5-7}$$

水滴撞击特性计算中 β 值很重要,为了得到 β 值必须计算水滴轨迹,从而找出与微元表面相交的两条水滴轨迹的起始位置。水滴轨迹的计算,就是求解水滴轨迹运动方程。

2)水滴轨迹运动方程

水滴的运动轨迹决定了水滴与机翼的碰撞方式并直接影响冰的外形。流场中水滴的运动受很多因素的影响,描述流场中水滴运动的方程是水滴轨迹运动方程,本节着重对拉格朗日法和欧拉法两种水滴轨迹运动方程的推导进行说明。

(1)基本假设及受力分析。

在建立运动方程之前,一般做如下三个假设:

a. 水滴的体积保持不变,但是其形状可以改变,引入与水滴体积相等的当量球的概念,其直径为 d_{eq}。

b. 水滴的密度在整个过程中保持不变。

c. 水滴的初始速度与自由流的速度相等,水滴体积很小以至于它们的绕流不会影响流场的性质。水滴的运动状况取决于作用在水滴上的力的大小和方向。悬浮在运动空气中的水滴,其上的作用力有气动阻力、气动升力、表观质量力以及水滴前

后压力变化所产生的对水滴的作用力、重力和浮力等。

水滴的密度要远远大于空气的密度,由压力梯度而引起的力和表观质量力都很小,可以忽略不计,同时可以忽略的还有气动升力。因此,只考虑作用于水滴上的黏性阻力、重力和空气浮力。

(2) 阻力计算。

当流体质点很小并以较低的速度流过物体时,物体表面上的黏性阻力可以用斯托克斯公式计算。对于球体有

$$D = 6\pi r \mu V \tag{5-8}$$

式中,r 为球半径;μ 为流体的动力黏性系数;V 为球相对于流体的运动速度。

飞机在云层中飞行时,悬浮在空气中的水滴随空气由无穷远处撞击在机翼表面的运动过程中,如果具备使用斯托克斯定律计算其阻力的条件(即速度和尺寸很小时),则其黏性阻力可以写成

$$D_s = 6\pi r \mu (u_a - u_d) \tag{5-9}$$

式中,D_s 为按斯托克斯公式计算的阻力;$(u_a - u_d)$ 为水滴对空气的相对速度;r 为水滴半径。但是常见的飞机飞行速度范围以及云层中经常出现的水滴尺寸范围,都超出了使用斯托克斯公式计算水滴黏性阻力的理论允许范围,因而不再使用斯托克斯阻力计算公式。这时,可以用式(5-10)计算阻力:

$$D = \frac{1}{2} C_D A_d \rho_a \mid u_a - u_d \mid (u_a - u_d) \tag{5-10}$$

式中,C_D 为阻力系数;A_d 为水滴的迎风面积;ρ_a 为空气密度;u_a 表示当地气流速度;u_d 表示水滴速度。

引入相对雷诺数:

$$Re_r = \frac{\rho_a \mid u_a - u_d \mid d_{eq}}{\mu} \tag{5-11}$$

阻力系数 C_D 是相对雷诺数的函数。

(3) 拉格朗日法建立的水滴运动方程。

计算水滴运动的传统方法,是在流场解算的基础上,用拉格朗日法建立水滴运动方程进行求解,该方法方程形式简单,求解方法成熟,因此广泛应用于结冰研究。根据前面的假设和分析,由牛顿第二定律,水滴轨迹运动方程可以写成

$$M_d \frac{d^2 x_d}{dt^2} = (\rho_d - \rho_a) V_d g + \frac{1}{2} C_D A_d \rho_a \mid u_a - u_d \mid (u_a - u_d) \tag{5-12}$$

式中,g 为重力加速度,V_d 为水滴体积,式(5-12)又可以写成如下形式:

$$\frac{\mathrm{d}^2 x_{\mathrm{d}}}{\mathrm{d}t^2} + \frac{C_D Re_{\mathrm{r}}}{24} \frac{18\mu_{\mathrm{a}}}{d_{\mathrm{eq}}^2 \rho_{\mathrm{d}}} \frac{\mathrm{d}x_{\mathrm{d}}}{\mathrm{d}t} = \frac{\rho_{\mathrm{d}} - \rho_{\mathrm{a}}}{\rho_{\mathrm{d}}}g + \frac{C_D Re_{\mathrm{r}}}{24} \frac{18\mu_{\mathrm{a}}}{d_{\mathrm{eq}}^2 \rho_{\mathrm{d}}} u_{\mathrm{a}} \tag{5-13}$$

式(5-13)为一个二阶常微分方程，可以把它写成如下形式：

$$\frac{\mathrm{d}x_{\mathrm{d}}}{\mathrm{d}t} = u_{\mathrm{d}}$$

$$\frac{\mathrm{d}u_{\mathrm{d}}}{\mathrm{d}t} + \frac{C_D Re_{\mathrm{r}}}{24} \frac{18\mu_{\mathrm{a}}}{d_{\mathrm{eq}}^2 \rho_{\mathrm{d}}} u_{\mathrm{d}} = \frac{\rho_{\mathrm{d}} - \rho_{\mathrm{a}}}{\rho_{\mathrm{d}}}g + \frac{C_D Re_{\mathrm{r}}}{24} \frac{18\mu_{\mathrm{a}}}{d_{\mathrm{eq}}^2 \rho_{\mathrm{d}}} u_{\mathrm{a}} \tag{5-14}$$

（4）欧拉法建立的水滴运动控制方程。

把含有水滴的空气流动看作气液两相流动，用欧拉法建立了气液两相流动控制方程，然后用有限体积法求解控制方程，从而得到水滴运动轨迹和部件表面的水滴撞击特性，目前也有一些研究者在结冰研究中采用这种方法计算水滴轨迹。

引入水滴的体积因子 $\alpha(x, t)$（定义为在控制单元内水滴的体积占总控制单元体积的比例），则可以建立水滴的连续方程和运动方程

$$\frac{\partial \alpha}{\partial t} + \bigtriangledown(\alpha u_{\mathrm{d}}) = 0 \tag{5-15}$$

$$\frac{\partial u_{\mathrm{d}}}{\partial t} + u_{\mathrm{d}} \cdot \bigtriangledown u_{\mathrm{d}} = \frac{C_D Re_{\mathrm{r}}}{24K}(u_{\mathrm{a}} - u_{\mathrm{d}}) + \left(1 - \frac{\rho_{\mathrm{a}}}{\rho_{\mathrm{d}}}\right)\frac{1}{Fr^2}g \tag{5-16}$$

式中，K 为惯性因子，Fr 为弗劳德数。

$$K = \frac{\rho_{\mathrm{d}} d_{\mathrm{eq}}^2 V_{\infty}}{18\mu_{\mathrm{a}} L} \tag{5-17}$$

$$Fr = \frac{V_{\infty}}{\sqrt{Lg_0}} \tag{5-18}$$

式中，V_{∞} 为无穷远处的速度。

3）水滴轨迹运动方程的求解

水滴轨迹运动方程可以用两种方法求解：解析法和数值法。采用解析法计算得到的水滴轨迹与实际运动情况偏差较大，而数值法求解水滴运动方程更准确。下面介绍两种常用的求解方法。

（1）一阶欧拉方法。

对于水滴运动方程，由于在这个方向没有重力和浮力项，因此在物理空间 x 轴方向的方程可以写为

$$M_{\mathrm{d}} a_x = \frac{1}{2} C_D A_{\mathrm{d}} \rho_{\mathrm{a}} \mid u_{\mathrm{a}} - u_{\mathrm{d}} \mid (u_{\mathrm{a}} - u_{\mathrm{d}}) \tag{5-19}$$

式中，a_x 为水滴在 x 方向的加速度。将水滴重量及迎风面积的表达式代入式（6-19）可得

$$a_x = \left(\frac{C_D Re_r}{24}\right)\frac{1}{K_a}(u_a - u_d) \tag{5-20}$$

其中，

$$K_a = \frac{\rho_d d_{eq}}{18\mu} \tag{5-21}$$

对于在物理空间 y 轴方向的方程，需考虑重力和浮力，用与 x 轴方向类似的方法，可推导出水滴加速度为

$$a_y = \left(\frac{C_D Re_r}{24}\right)\frac{1}{K_a}(v_a - v_d) + \left(\frac{\rho_d - \rho_a}{\rho_d}\right)g \tag{5-22}$$

得到水滴的加速度之后，设在 t_n 时刻水滴的 x 轴和 y 轴的速度为 (u_d^n, v_d^n)，所处位置为 (x_d^n, y_d^n)，则在 t_{n+1} 时刻水滴速度和位置为

$$u_d^{n+1} = u_d^n + a_x(t_{n+1} - t_n)$$
$$v_d^{n+1} = v_d^n + a_y(t_{n+1} - t_n)$$
$$x_d^{n+1} = x_d^n + u_d^n(t_{n+1} - t_n)$$
$$y_d^{n+1} = y_d^n + v_d^n(t_{n+1} - t_n) \tag{5-23}$$

（2）龙格-库塔（Runge-Kutta）方法。

以流场的速度分布和水滴的初始位置为定解条件，水滴运动方程的求解可以看成是一个一阶常微分方程的初值问题：

$$\begin{cases} du = f(t, u) \\ u(t_0) = u_0 \end{cases} \tag{5-24}$$

由四阶龙格-库塔法最常用的公式

$$u_{n+1} = u_n + \frac{1}{6}(t_{n+1} - t_n)(K_1 + 2K_2 + 3K_3 + 4K_4) \tag{5-25}$$

其中，

$$\begin{cases} K_1 = f(t_n, u_n) \\ K_2 = f\left(t_n + \frac{\Delta t}{2}, u_n + \frac{\Delta t}{2}K_1\right) \\ K_3 = f\left(t_n + \frac{\Delta t}{2}, u_n + \frac{\Delta t}{2}K_2\right) \\ K_4 = f(t_n + \Delta t, u_n + \Delta t K_3) \end{cases} \tag{5-26}$$

求得 u_d^{n+1}、v_d^{n+1} 后，t_{n+1} 时刻水滴的位置可以表示为

$$x_{n+1} = x_n + \frac{1}{2}(u_{n+1} + u_n)\Delta t$$

$$y_{n+1} = y_n + \frac{1}{2}(v_{n+1} + v_n)\Delta t \qquad (5-27)$$

求解了水滴运动方程，就可以知道每个水滴在不同时刻的位置和水滴的运动轨迹。开始进行水滴轨迹计算时，首先给定水滴的初始位置，然后计算 Δt 时间步长后水滴的新位置，每计算一步，都要进行一次水滴是否与物面相碰撞的判断。对于每一个水滴要分别跟踪，如此推进计算，直到水滴与物面相碰撞或者水滴运动到界定的区域以外。

计算完水滴运动方程后，就可以根据定义得到部件表面的水滴撞击特性。

4）求解水滴撞击特性的方法

前面我们叙述了部件表面水滴撞击特性的定义，引出了水滴运动方程并讨论了方程的求解方法，下面将给出求解水滴撞击特性的具体实施步骤。从前文可以看出，各种表征部件表面的水滴撞击特性的参数中，局部收集系数是最重要的一个参数，它表征了撞击水量在物面各处的分布，只要求得局部收集系数，其余参数就可以得到，因此对于水滴撞击特性的计算，主要是计算局部收集系数。

求解水滴局部收集系数的基本步骤可以概括如下：

（1）根据流场分布，采用前文所叙述的数值法求解水滴运动方程，确定流场中水滴与物体的相对运动轨迹。

（2）判断水滴是否与物面碰撞，如果碰撞，则记录下水滴的碰撞位置（即图 5-1 中的 s）及其对应的起始位置（图 5-1 中的 y）。

（3）由记录下的 s 和 y 值，进行代数插值，得到函数 $s=s(y)$，再根据定义，由式（5-5）求得局部收集系数 β。

5.1.3　结冰的热力学模型

飞机表面结冰的类型以及冰的形状，除了与空气中过冷水的液态水含量（LWC）、水滴直径（MVD）和结冰时间有关外，还与飞机绕流流场的速度、压力以及温度有关。为了对结冰过程进行数值计算，需要综合考虑影响结冰的各因素，建立飞机表面结冰的物理模型。

当前的结冰计算模型都是基于 NASA 提出的 Messinger 模型进行开发的。Messinger 取未结冰的机翼表面和已结冰的结冰表面作为控制体积，并假设为准定常来讨论能量守恒，包含过冷水滴转换成冰时相变所释放的热能、气流和结冰表面间对流冷却效应、空气动力对结冰表面的加热、结冰表面的蒸发冷却效应、水滴撞击表面产生的热能以及碰撞在结冰表面的水滴本身的动能等，由此来计算结冰成

长率。

下面将对物体的结冰表面上某个控制体，分析其在结冰过程中的重量和能量的传递情况。

1) 结冰表面的重量平衡

(1) 单位时间内流入控制体的重量。

单位时间内流入控制体的重量包括以下两项：

a. 撞击控制体的液态水的重量 $\dot{m}_{im}$。

其与液态水含量(LWC)、局部水收集系数、流场速度等因素有关：

$$\dot{m}_{im} = \frac{W_\beta}{\mathrm{d}t} = \beta \times \mathrm{LWC} \times V_\infty \times \mathrm{d}S \qquad (5-28)$$

b. 从前一控制体溢流至当前控制体的液态水重量 $\dot{m}_{in}$。

如果前一控制体内的液态水没有全部冻结，则未冻结的液态水将溢流至当前控制体内。由于与驻点相邻的上下两个控制体没有溢流水流进，因此对于这两个控制体有

$$\dot{m}_{in,0} = 0 \qquad (5-29)$$

(2) 单位时间内离开当前控制体的重量。

单位时间内离开当前控制体的重量有三项。

a. 从当前控制体流到下一控制体的液态水重量 $\dot{m}_{ou}$。与 $\dot{m}_{in}$ 一样，当前控制体也会有液态水向后流进下一控制体，很明显，当前控制体的 $\dot{m}_{ou}$ 应该等于下一控制体的 $\dot{m}_{in}$，即

$$\dot{m}_{ou,i} = \dot{m}_{in,i+1} \qquad (5-30)$$

b. 由于蒸发而损失的水重量 $\dot{m}_{va}$。暴露在空气中的水的蒸发是永远存在的，$\dot{m}_{va}$ 与空气温度、接触面积和空气湿度等因素有关。

c. 单位时间留在当前控制体中的重量 $\dot{m}_{so}$。$\dot{m}_{so}$ 是全部冰的重量。引入冻结比例 n，定义为表面某控制体中冻结成冰的水重量与进入该控制体的所有水重量的比值，根据冻结比例的定义，很明显有

$$\dot{m}_{so} = n(m_{im} + \dot{m}_{in}) \qquad (5-31)$$

(3) 结冰表面的重量平衡。

根据重量守恒定律，进入当前控制体的重量减去离开当前控制体的重量，所得到的重量即是最后留在当前控制体内冰的重量，即

$$\dot{m}_{so} = m_{im} + \dot{m}_{in} - \dot{m}_{va} - \dot{m}_{ou} \qquad (5-32)$$

这就是控制体内的重量平衡关系式,通常将其写成如下形式:

$$\dot{m}_{ou} = (1-n)(m_{im} + \dot{m}_{in}) - \dot{m}_{va} \tag{5-33}$$

由于方程中含有不止一个未知数,所以不能单独求解,必须和能量平衡关系式联立求解,为此,还需引入能量平衡方程。

2) 结冰表面的能量平衡

对结冰表面能量平衡的研究,首先要建立合适的热力学模型,确定结冰表面的主要热流项,以及各热流项的具体表达式。

在 Messinger 的模型中考虑了气流与结冰表面的对流换热、空气摩擦对表面加热产生的气动热、水的蒸发或冰的升华所带走的潜热、撞击在表面的水滴本身所带有的热能、撞击在表面的水滴所具有的动能转化成的热能、水结冰后相变所释放的潜热等,在其模型上建立的能量及各热流量的表达式如下:

$$\dot{Q}_c - \dot{Q}_f + \dot{H}_{va} - \dot{e}_{im} - \dot{E}_{im} + \dot{E}_{so} = 0 \tag{5-34}$$

式中,气流与结冰表面的对流换热 $\dot{Q}_c$:

$$\dot{Q}_c = h_c A (T_s - T_\infty) \tag{5-35}$$

空气摩擦对表面加热产生的气动热 $\dot{Q}_f$:

$$\dot{Q}_f = h_c A r \frac{V_\infty^2}{2c_{p,a}} \tag{5-36}$$

蒸发(或升华)所带走的潜热 $\dot{H}_{va}$:

$$\dot{H}_{va} = \dot{m}_{va} L_e \tag{5-37}$$

撞击在表面的水滴本身所带有的热能 $\dot{e}_{im}$:

$$\dot{e}_{im} = \dot{m}_{im} c_{p,w} T_\infty \tag{5-38}$$

撞击在表面的水滴所具有的动能转化成的热能 $\dot{E}_{im}$:

$$\dot{E}_{im} = \frac{1}{2} \dot{m}_{im} V_\infty^2 \tag{5-39}$$

水结冰后相变所释放的潜热 $\dot{E}_{so}$:

$$\dot{E}_{so} = -\dot{m}_{so} L_f \tag{5-40}$$

式中,$c_{p,w}$、$c_{p,a}$ 分别为水和空气的比热容;h_c 为对流换热系数;L_e、L_f 分别为蒸发潜热系数和凝固潜热系数;r 为恢复因子;A 为面元的面积;T_s、T_∞ 为结冰表面温度和来流温度。

Messinger 的模型揭示了结冰过程中基本的热流项,但在明冰情况下,没有考虑结冰表面溢流水所携带的能量;此外,方程中忽略了结冰表面控制体与物体(或冰面)之间的热传导,为了使计算更为精确,这部分能量也需要加以考虑。因此基于以上分析,结冰表面某个控制体内的能量平衡方程写成如下形式

$$\dot{E}_{so} + \dot{H}_{va} + \dot{H}_{ou} - \dot{H}_{in} - \dot{H}_{im} = \dot{Q}_f - \dot{Q}_c - \dot{Q}_k \qquad (5-41)$$

式中,$\dot{Q}_k$ 为结冰表面控制体与物体(或冰面)之间热传导的热量;$\dot{H}_{ou}$ 为流出当前控制体溢流水的能量;$\dot{H}_{in}$ 为流入当前控制体溢流水的能量;$\dot{H}_{im}$ 为与控制体表面相碰撞的水滴所带来的能量。

为了模型的求解结果能够直接反映冰的类型,有必要将结冰表面进行分类,根据不同的类型给出式(5-41)中各项的表达式。本节将介绍计算结冰表面各热力学量的公式,并给出结冰热力学模型的求解方法。

(1) 结冰表面各热力学量的计算。

根据结冰表面温度 T_s,可以将结冰表面分为干表面(dry surface)、湿表面(wet surface)和液体表面(liquid surface)三种类型,不同的表面类型对应不同的冻结比例 n,即 $n=1$,为干表面,$T_s < 273.15\text{K}$;$0 < n < 1$,为湿表面,$T_s = 273.15\text{K}$;$n=0$,为液体表面,$T_s > 273.15\text{K}$。

为了得到能量方程(5-41)中的各能量项的具体表达式,首先对各能量项中的关键参数——对流换热系数进行推导。

a. 对流换热系数的计算。

对流换热系数定义为单位时间、单位面积内的对流换热量,它是当地流场信息的反映。首先定义临界粗糙度:

$$R_{ek} = \frac{u_k k_s}{v}$$

其中,k_s 为粗糙元高度;v 为动黏性系数;u_k 为 $y = k_s$ 处的速度。

当 $R_{ek} < 600$ 时,认为流动为层流,此时对流传热系数的表达式为

$$h_c = 0.332 \times \frac{\lambda}{S}(Re_s)^{0.5} Pr_a^{1/3} \qquad (5-42)$$

式中,$Re_s = \dfrac{\rho_1 u_e S}{\mu_a}$,$\rho_1$ 为边界层边界上空气的密度,u_e 为边界层边界上的速度,S 为从前缘点算起的表面距离;Pr_a 为空气的普朗特数。

$$Pr_a = \frac{c_{p,a}\mu_a}{\lambda}$$

其中，λ 为空气的导热系数，它与空气的温度有关，可用下式估算：

$$\lambda = 0.025\,24 \times \frac{T_{\infty}}{288.15} \tag{5-43}$$

当 $Re_{k} > 600$ 时，认为流动为湍流，此时对流传热系数的表达式如下：

$$h_{c} = 0.029\,6 \times \frac{\lambda}{S}(Re_{s})^{0.8} Pr_{a}^{1/3} \tag{5-44}$$

b. 摩擦加热。

在边界层内，由于黏性力，气流速度由自由流速度 V_{∞} 减小到表面速度为 0。气体在物体表面滞止时，气体微团的动能转化成热能，使气温升高。在速度为 0 处，气体本应该达到滞止温度，但由于此温度较周围气体温度高，要损失一部分热量，因而表面气体的温度小于滞止温度，一般认为：

$$\Delta T = r\frac{V_{\infty}^{2}}{2c_{p,a}} \tag{5-45}$$

因此，气流摩擦的加热热流为

$$\dot{Q}_{f} = h_{c}Ar\frac{V_{\infty}^{2}}{2c_{p,a}} \tag{5-46}$$

一般取 $r = 0.89$。

c. 热传导的计算。

由于过冷水滴直径相对于物面来说是很小的，因此可以把表面热传导看作加热一个半无限大、有厚度的平板的情况。假定表面温度是一步一步变化（step change）的，从 $t = 0$ 时刻的初始温度 T_{rec} 变成结冰温度，则热传导的热流可以写成如下形式：

$$\dot{Q}_{k} = \frac{-K_{a}(T_{rec} - T_{s})}{\sqrt{\pi\chi t}} \tag{5-47}$$

式中，χ 为热扩散率；t 为尺度时间。

d. 空气中撞击水的能量。

为了计算各重量项所携带的能量，选择 $T_{0} = 273.15\text{K}$ 和 $V_{0} = 0$ 为参考状态，则有

$$\dot{H}_{im} = \dot{E}_{im} + \dot{e}_{im} = \dot{m}_{im}\left[c_{p,w}(T_{\infty} - T_{0}) + \frac{V_{\infty}^{2}}{2}\right] \tag{5-48}$$

e. 溢流水携带的能量。

对于不同的表面结冰类型，溢流水所携带的能量也不同，因此需对不同类型的

表面所对应的能量项分别给予表达。对于干表面,不存在溢流水,因此有

$$\dot{H}_{in} = 0 \tag{5-49}$$

$$\dot{H}_{ou} = 0 \tag{5-50}$$

对于湿表面,表面温度 $T_s = T_0 = 273.15\text{K}$,因此有

$$\dot{H}_{in} = \frac{1}{2}\dot{m}_{in}(V_\infty \cos \alpha_{in})^2 \tag{5-51}$$

$$\dot{H}_{ou} = \frac{1}{2}\dot{m}_{ou}(V_\infty \cos \alpha)^2 \tag{5-52}$$

对于液态表面,表达式为

$$\dot{H}_{in} = \dot{m}_{in}c_{p,w}(T_{in} - T_0) + \frac{1}{2}\dot{m}_{in}(V_\infty \cos \alpha_{in})^2 \tag{5-53}$$

$$\dot{H}_{ou} = \dot{m}_{ou}c_{p,w}(T_s - T_0) + \frac{1}{2}\dot{m}_{ou}(V_\infty \cos \alpha)^2 \tag{5-54}$$

f. 冻结相变的能量。

对于干表面,考虑相变期间的热传递和相变之后的温度变化,有

$$\dot{E}_{so} = \dot{m}_{so}[c_i(T_s - T_0) - L_f] \tag{5-55}$$

对于湿表面,相变之后温度没有变化,因此

$$\dot{E}_{so} = -\dot{m}_{so}L_f \tag{5-56}$$

对于湿表面,表面没有相变,因此

$$\dot{E}_{so} = 0 \tag{5-57}$$

g. 蒸发(或者升华)的能量。

对于干表面,只有冰的升华,有

$$\dot{H}_{va} = \dot{H}_{ev} = \dot{m}_{va}[L_s + c_i(T_s - T_0) - L_f] \tag{5-58}$$

对于湿表面

$$\dot{H}_{va} = \dot{H}_{ev} = \dot{m}_{va}L_e \tag{5-59}$$

对于液态表面

$$\dot{H}_{va} = \dot{H}_{ev} = \dot{m}_{va}[L_e + c_{p,w}(T_s - T_0)] \tag{5-60}$$

由于蒸发或升华作用导致的表面重量损失表达式为

$$\dot{m}_{va} = h_G \frac{(p_{ww} - p_w)}{p_{st}} \qquad (5-61)$$

式中，p_w 和 p_{ww} 分别为 T_∞ 和 T_s 对应的饱和水蒸气压。

气相对流重量传递系数 h_G 为

$$h_G = \frac{h_c}{c_{p,a}} \left(\frac{Pr_a}{Sc_a}\right)^{0.67} \qquad (5-62)$$

这里 Pr_a 为普朗特数，Sc_a 为施密特数，表达为

$$Pr_a = \frac{c_{p,a}\mu_a}{k_a} \qquad (5-63)$$

$$Sc_a = \frac{\mu_a}{\rho_a D_v} \qquad (5-64)$$

Messinger 经过大量实验发现 $\dfrac{1}{c_{p,a}} \left(\dfrac{Pr_a}{Sc_a}\right)^{0.67} = 6.93 \times 10^{-4} (\mathrm{kg \cdot K})/\mathrm{J}$

（2）结冰热力学模型的求解。

联立重量和能量方程，其中未知参数有 4 个：T_s、$\dot{m}_{so}$、$\dot{m}_{ou}$ 和 $\dot{m}_{va}$，方程组不闭合。此时引入结冰表面形态作为定解条件：干燥表面 $\dot{m}_{ou} = 0$，潮湿表面 $T_s = T_0 = 273.15\mathrm{K}$，液态表面 $\dot{m}_{so} = 0$，这样方程组就有唯一解。

从驻点开始，驻点两侧第一个计算体内的 $\dot{m}_{in} = 0$，依次沿驻点后求解，联立重量平衡方程，可以顺次得到每个计算体内的 $\dot{m}_{in}$，能量方程就可以简化成关于未知量 T_s 和冻结比例 n 的方程。取结冰表面温度 T_s 作为试探参数，对方程组进行试探求解。

首先，假设翼面为潮湿表面，即 $T_s = 273.15\mathrm{K}$，从而得到冻结比例 n 的值。根据求得的 n 值判断假设成立与否，若不成立，则根据 n 值重新给出假设，直到假设成立。

a. $0 < n < 1$，表明假设成立，结冰表面为湿表面，此时结明冰。

b. 如果求解得到 $n < 0$，则表明假定的平衡温度不对，表面温度应该大于 273.15K，为液体表面，没有水滴冻结，此时，令冻结比例 $n = 0$，代入方程，重新求解。

c. 如果求解得到 $n > 1$，说明表面温度小于 273.15K，此时表面为干表面，积霜冰，所有水滴都冻结。为了计算 T_s，令 $n = 1$，代入重量和能量方程，求解 T_s。

得到冻结比例 n 和表面温度 T_s 之后，根据重量平衡方程可以得到流出当前控制体的液态水重量，从而使沿驻点下游邻接该控制体的下一控制体内的能量方程可以求解；根据重量平衡方程可以得到当前控制体内冻结水的重量，进而可以计算冰层厚度。

5.1.4　过冷大水滴结冰模拟初探

由于认识水平的局限性,研究者曾一直认为飞机结冰主要是由直径小于 $50\ \mu m$ 的过冷小水滴引起的。美国联邦航空条例 FAR – 25 附录 C 中规定,影响飞机飞行安全的水滴平均有效直径为 $10\sim50\ \mu m$。然而,1994 年美国客机 ATR – 72 发生飞行事故,分析发现,飞机当时所处的结冰条件中存在大尺寸的过冷水滴(即过冷大水滴 SLD),在机翼上表面防(除)冰区域外形成一层脊状冰,造成飞机不受控翻转,引发飞行事故。这里说的 SLD 是指云层中平均有效直径大于 $50\ \mu m$ 的过冷水滴。

FAA 及 EASA 先后发布过冷大水滴结冰适航条款修正案,都在规章中新增了 25.1420 条款,同时新增了附录 O。由于过冷大水滴环境下的结冰模拟暂不成熟,因此本节对过冷大水滴结冰模拟进行初步介绍。

不同于大气环境标准中规定的一般尺寸水滴,大水滴在运动及撞击过程中可能会发生变形、破碎、反弹以及飞溅,对水滴撞击特性有很大的影响。同时,附录 O 环境下的结冰伴随着复杂的动力学和传热相变过程,环境特征更强调云雾分布,SLD 模型解耦更加困难。

SLD 结冰模拟和常规小粒径水滴结冰算法的差异在于大水滴动力学和结冰模型。2003 年,国外学者首先基于 TAB 变形/破碎模型和 Mundo 飞溅模型建立了最初的 SLD 动力学模型。近期研究主要围绕动力学模型和数值算法的改进开展。法国 ONERA 公司研究超过 $80\ m/s$ 的水滴高速撞击过程时发现,飞溅的水滴粒径随撞击速度增加而急剧减小。这些研究均支撑了相关结冰计算软件的能力提升,如 LEWICE3.0、FENSAP-ICE、ONERA 等。

国内自 2010 年起进行了大量 SLD 结冰数值模拟研究,现已具备了接近国外的水平。国内学者从水滴破碎模型、在机翼前缘飞溅损失和回落的规律、不同粒径分布等方面进行了研究。但由于国内 SLD 数值模拟研究起步较晚,因此暂时尚未形成一款成熟的商业化结冰模拟软件,无法满足飞机结冰安全设计和取证的需求。

5.2　防冰数值模拟

数值计算分析是一种重要的表明运输类飞机符合性的方法,飞机的防(除)冰系统可以通过防(除)冰分析/计算(MC2)、试验室试验(包括冰风洞试验)(MC4)、飞行试验(MC6)等方法共同表明防(除)冰系统的条款符合性。由于冰风洞试验和飞行试验仅能完成有限个飞行状态点的验证工作,无法覆盖整个飞机包线和结冰气象包线,因此在适航验证过程中,需要通过分析/计算手段来完成全包线范围的防冰系统适航符合性验证工作。

在飞机前期设计阶段,防冰系统的设计需要开展防冰性能计算工作;在飞机适航审定阶段,为了考察防冰系统在不同飞行阶段、不同状态下的防冰有效性,为防冰系统适航验证提供数据支撑,也需要开展飞机防冰性能校核分析。

鉴于运输类飞机的热防冰系统主要包含机翼、短舱和风挡防冰三个子系统,本节针对上述三个子系统简要介绍防冰性能的数值模拟工作。

5.2.1　机翼防冰系统数值模拟

机翼防冰系统的组件和结构较为复杂,分析的目的主要是获得结冰条件中机翼防冰区域的蒙皮表面的温度分布、溢流水分布等特性,结合机翼防冰系统的设计要求,证明系统设计的适航符合性。进行分析/计算时针对安装在前缘缝翼内部的防冰腔和蒙皮开展工作,需要耦合机翼外部流场、防冰腔内流场和蒙皮三者之间的流动传热,模拟难度较高。其中,防冰腔的流动传热主要考虑笛形管、加强肋、背板、气流槽道、排气孔等部件;同时,笛形管中是从引气系统经过预冷器处理后的高温、高压气体,在笛形管喷孔处设计为声速射流,在网格划分时应给予关注。

机翼防冰性能计算主要利用数值模拟手段,通过耦合求解飞机外部流场、机翼防冰腔内流场和蒙皮之间的流动传热,获得机翼前缘结冰防护区表面的温度分布和溢流水特性分布。

机翼前缘沿展向的防冰范围较大,考虑到验证工作的侧重以及计算资源和工作量的限制,通常无须对整个缝翼的防冰腔开展分析/计算,只视需要截取包含关键截面的一段防冰腔结构即可。关键截面指系统设计截面、飞行试验数据采集截面、传感器安装截面等。

机翼防冰性能计算的基本内容包括飞机外部流场计算、全机水滴轨迹与撞击特性计算、防冰腔内流场计算以及内、外流场和蒙皮传热耦合计算。

1) 飞机外部流场计算

首先确定防冰性能计算状态点,需考虑的主要因素包括飞行阶段、飞行参数、结冰气象条件等。飞行阶段包括起飞、爬升、巡航、下降、等待、进近、着陆等阶段。飞行参数主要包括飞行高度、速度(马赫数)、迎角等。

计算网格划分是飞机全机外部流场计算的首要工作。针对现代商用飞机复杂构型的大型计算网格生成技术目前已经较为成熟,故不再赘述。由于防冰性能计算只针对局部防护区的加热防护特性,因此,可以根据具体情况在网格划分时做适当简化,略去一些对计算影响微小的飞机部件(如平尾和垂尾)。

网格生成可采用结构网格,也可采用分片式非结构网格,在机头,对于机翼前、后缘和小翼等部件以及防冰计算区域,表面网格应适当加密。

目前满足工程需求的飞机复杂构型气动计算技术已经足够成熟。采用 N-S 方程作为流场求解的主控方程并耦合湍流模型完成求解,飞机表面设为无粗糙度壁面。全机外部流场的远场边界条件根据事先确定的防冰计算状态点进行设置,飞机表面设为无滑移等温壁面。

2）全机水滴轨迹与撞击特性计算

根据飞机外部流场计算结果，模拟空间的水滴运动轨迹以计算飞机表面的水滴撞击特性，并通过结冰热力学模拟获得防冰表面的溢流水特性。

若采用欧拉两相流法，则飞机水滴流场的远场边界条件根据计算状态点进行设置，结冰气象条件需要符合适航规章 25 部附录 C 的结冰包线约束，飞机表面设置为壁面边界。

3）防冰腔内流场计算

飞机机翼防冰腔结构复杂，处理数模时，需删除紧固件等一些与内流场计算无关的部件，简化后腔尖角结构。同时，腔内的一些结构特征必须保留，例如，气流槽道特征以及一些重要的隔板结构等，还应封闭两侧截面，保证结构封闭。对于笛形管喷口，应对附近的网格进行加密。在防冰腔后方的排气孔处设置排气导流管（物理上不存在），可以改善防冰腔内流场的收敛特性。

采用 N - S 方程作为防冰腔内流场计算的主控方程，鉴于防冰腔内流场问题的复杂性，必须考虑湍流的耦合求解。防冰腔内流场包括 4 类边界条件：入流边界、出流边界、壁面边界、周期边界。笛形管喷口为入流边界，边界条件设置为笛形管喷流的速度、温度和压力；出流边界设置为压力出口边界；防冰腔壁面设置为无滑移等温壁面边界；防冰腔两侧截面近似相同，可设置为周期边界。

4）内、外流场和蒙皮传热耦合计算

蒙皮可以采用非结构网格，为了确保蒙皮传热计算的准确性，须保证蒙皮截面具备多层网格结构，蒙皮网格的全局网格尺度须足够小。鉴于蒙皮的结构特点，采用结构网格进行计算空间的划分更为方便。

结合飞机外部流场、水滴轨迹与撞击特性、防冰腔内流场的计算结果，开展机翼前缘防冰区蒙皮内、外表面的传热耦合计算。需要明确飞机外部流场与蒙皮外表面、蒙皮内表面与防冰腔内流场的交界面之间的对应关系。在每一个迭代步内都需要调用外部流场、水滴轨迹及撞击特性以及内流场的计算结果进行耦合传热计算，计算收敛后得到飞机防护区蒙皮表面温度分布以及防护区外表面的溢流水特性。

5.2.2 短舱防冰系统数值模拟

短舱防冰系统数值模拟的方法和步骤与机翼防冰系统类似，但短舱防冰腔的构造与机翼防冰系统有较大差异，通常是环绕唇口区域的 D 形腔体，由环状笛形管或直流喷嘴（DFN）直接向防冰腔注入热气。分析目的是得到结冰条件下短舱唇口防护区的温度分布和溢流水特性，据此可分析后流到进气道的后流冰量和厚度特征等，评估发动机叶片所受冰脱落的影响。

短舱防冰系统布置在发动机唇口，目前主要有两种方式向防冰腔供热气：环状笛形管和直流喷嘴。由于短舱环向防冰区域比机翼展向防冰区域小得多，且防冰腔只在末端布置了一个排气口,因此需要以整个防冰腔作为计算分析对象,不宜截取计算区域。如果采用直流喷嘴,则腔体内部网格量相对较少,但对直流喷嘴的建模要求较高;如果采用环状笛形管,与机翼防冰笛形管类似,对笛形管上众多射流喷孔附近的网格应做加密处理。因此,如果希望获得较为理想的计算结果,则整个腔体内部的网格量会相当可观。

与机翼防冰性能计算类似,短舱防冰性能计算的基本内容包括飞机外部流场计算、水滴轨迹与撞击特性计算、短舱防冰腔内流场计算以及内、外流场和唇口蒙皮传热的耦合计算。飞机外部流场计算、水滴轨迹与撞击特性计算与机翼防冰性能计算类似,只是需要在划分计算网格时,对于发动机尤其是前缘唇口处进行加密处理,以保证计算的准确性。

5.2.3　风挡防冰系统数值模拟

考虑到飞机通常对主风挡有防冰要求,两侧的侧风挡仅有防雾要求。因此,风挡防冰数值计算仅针对两片主风挡展开。由于风挡防冰只是在风挡玻璃夹层中布置电加热膜,没有复杂的防冰腔结构,因此风挡防冰计算相比于机翼和短舱较为简单,仅需要耦合外部流场和风挡结构传热即可。

相比于机翼和短舱防冰系统,风挡防冰系统性能数值计算较为简单。由于风挡防冰的工作原理是在风挡玻璃夹层中布置电加热膜,不存在防冰腔体的复杂结构,因此风挡防冰性能计算不涉及复杂的腔体内流场计算,仅耦合风挡外部流场、水滴轨迹与撞击特性以及风挡玻璃结构传热计算即可。

风挡防冰性能计算的输入主要包括①机头外形数模;②风挡结构数模以及风挡玻璃内部各层结构的导热系数、密度、厚度等;③外部飞行参数,包括飞行速度与迎角、飞行高度、环境温度等;④驾驶舱温度、湿度参数;⑤风挡防冰控制率等。计算输出则主要包括风挡内、外表面的温度分布以及升温时间等。

风挡外部流场计算在风挡计算区域须进行网格加密。风挡结构网格在厚度方向上应尽可能小,保证在风挡厚度方向上划分出 5～8 层网格。

5.3　冰风洞试验

冰风洞试验是开展飞机结冰和防冰系统性能试验研究最基本的手段之一,其结果可为在自然结冰条件下的飞行试验数据提供支撑。相比于其他各类飞行试验,冰风洞试验具有试验条件不受外界气候条件限制、试验成本相对较低、结冰气象参数易于控制等优点,在研究飞机结冰防护问题中得到了较为广泛的应用。与飞行试验相比,冰风洞试验具有更大的自由度和可操作性。在研究飞机表面换热性能、过冷水滴的撞击特性、飞机表面结冰机理、结冰对气动力的影响以及防(除)冰系统的工作性能等方面都起到了极其重要的作用。

冰风洞的主要功能如下：

（1）模拟在CCAR-25附录C规定的连续最大结冰和间断最大结冰两种状态确定的云层中液态水含量（LWC）、水滴直径（MVD）和周围空气温度、压力等参数，获得飞机部件或模型在结冰条件下的冰型。

（2）研究各种参数（几何外形、迎角、侧滑角、速度、温度、压力、LWC、MVD和结冰时间等）对结冰状态（结冰高度、结冰范围）的影响。

（3）研究防（除）冰系统的功能、性能及可靠性。

5.3.1　冰风洞资源现状

衡量冰风洞的主要参数是温度、液态水含量（LWC）、水滴直径（MVD）等。它是按照25部附录C来确定的，温度范围通常为$-30\sim0℃$，液态水含量（LWC）一般为$0.2\sim3\,\mathrm{g/m^3}$，水滴直径（MVD）为$5\sim50\,\mu\mathrm{m}$。这些标准的选定还与被测试项目或对象特性有关，如直升机的升限不高，测试时水滴直径（MVD）可取大一些，液态水含量（LWC）可取低一些。另外，试验速度大小直接决定冰风洞的类型，如低速、亚声速、跨声速、超声速冰风洞等。一般说来，速度越高，冰风洞试验的难度及所需要的风机和制冷机功率也会更高。

目前冰风洞在世界范围内有数十座，风洞尺寸及实验室能力均有不同。其中，几个典型的风洞设备包括美国NASA兰利中心冰风洞（IRT）、加拿大国家研究委员会（NRC）高度模拟冰风洞（AIWT）、意大利航天研究中心（CIRA）冰风洞（IWT）以及中国空气动力研究与发展中心（CARDC）冰风洞等。

IRT为一闭环回流式冰风洞，试验段尺寸为$1.6\,\mathrm{m}\times2.74\,\mathrm{m}\times6.10\,\mathrm{m}$，该风洞平面结构如图5-2所示。IRT试验段的风速为$50\sim350\,\mathrm{kn}(25\sim180\,\mathrm{m/s})$，温度可调至最低静温$-35℃$、最高总温$+10℃$。

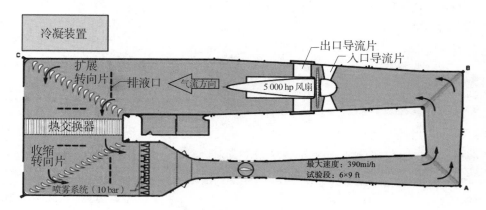

图5-2　IRT平面结构示意图

IWT 是一个封闭式回流冰风洞,具有 4 个可替换试验段,马赫数最高能达到 0.7,温度可在 $-32\sim40℃$ 范围内调节。IWT 经建立发展,已具备冻毛毛雨结冰条件,最大 MVD 约为 200 μm,最大 LWC 为 0.8 g/m³。

AIWT 是一个闭环低速冰风洞,具有两个试验段,其中一个试验段尺寸为 57 cm×57 cm,最高风速可达到 100 m/s;另一个尺寸为 52 cm×33 cm,最高风速可达到 180 m/s。当马赫数为 0.3 时,试验段静温调节范围为 $-30\sim20℃$ 或更高。该风洞具有模拟 0~9 100 m 高度的能力。

中国空气动力研究与发展中心冰风洞是一座回流式亚声速结冰风洞。该风洞拥有 3 个可更换的试验段,其中主试验段截面尺寸为 3 m×2 m,试验段最高风速为 210 m/s,模拟高度为 0~20 000 m,温度范围为 $-40℃$ 至常温。该风洞目前已经具备结冰云雾模拟的能力,云雾颗粒 MVD 模拟范围为 10~50 μm,LWC 范围为 0.2~3 g/m³。

5.3.2　传感器的冰风洞试验

民用飞机的全静压探头、迎角传感器等在结冰条件下可能发生数据失真,进而引发不可接受的系统和飞机故障,造成不可挽回的灾难。2009 年发生的法航 447 空难,就是由皮托管结冰导致空速数据丢失,使得自动飞行系统自动关闭,叠加飞行员的误操作造成的。对于迎角传感器之类的设备,结冰条件下可能发生卡阻,使得数据失真,进而影响飞行安全。

因此,针对全静压探头、迎角传感器等设备需要在冰风洞中验证其防冰能力,同时需要验证这些设备安装底座与蒙皮缝隙中进入少量水后,在低温环境下是否会结冰。

传感器级别的冰风洞无须 5.3.1 节中所述的大型风洞作为试验条件,通常只需要部件级冰风洞即可满足试验要求。我国 ARJ21 飞机的迎角传感器冰风洞试验就是在中航工业武汉航空仪表公司的冰风洞中进行的,其试验段口径仅为 180 mm×280 mm,远小于前述章节中介绍的冰风洞。

传感器级冰风洞试验的对象通常需要选用民用飞机的正常装机构型的部件,并针对其在飞机上的安装情况和冰风洞的实际结构设计特殊夹具,使得试验条件能够符合设计工况。

冰风洞试验点的环境温度、速度、LWC、MVD、持续时间等参数的设置至少应该包含 CCAR - 25 附录 C 中定义的连续最大结冰条件及间断最大结冰气象条件工况。试验点设置还应考虑安装间隙结冰且加温设备未工作的情况。

试验过程应全程录像,并记录温度、传感器数值、加温装置的电流和电压及冰风洞的参数设置等,作为设备结冰防护设计的依据。

部件级的冰风洞还可以开展飞机和发动机叶片的缩比试验及结冰防护组件的

功能和性能试验。

5.3.3　结冰系统的冰风洞试验

结冰系统的冰风洞试验主要需要完成试验模型设计、冰风洞校准、冰型测量、敏感性分析等步骤。

对于大型试验模型设计,由于试验选取的尺寸较大,造成冰风洞试验段的堵塞度过大,因此对试验条件的选取和试验结果的准确性影响较大,甚至无法进行冰风洞试验。采用混合翼模型开展冰风洞试验是解决堵塞度较大的有效方法。

混合翼设计在保证头部形状及其压力分布不变的前提下将弦长较长的原始翼设计成弦长较短的混合翼,使冰风洞试验的堵塞度变小以满足试验要求。在设计上,保持混合翼和原始机翼头部的 C_p 分布一致,则可认为结冰区域的流场分布一致、水滴收集特性一致,最终结冰冰型一致。此外,由于混合翼头部几何外形一致、材料表面粗糙度和热力学性质一致,因此可以保证混合翼能够代表原始的机翼冰型特征。

某国产民机项目采用 N-S 方程计算翼面压力分布,以混合翼与原始翼的前缘附近压力系数分布尽可能重合为目标,提出了一种影响系数及控制点线性插值的简易方法,在保证前缘附近与原始翼相同的基础上,混合翼的设计弦长缩短了40%。在同一迎角下设计得到的混合翼能与原始翼具有相同的前缘附近压力分布,从而保证两者具有相同的水滴撞击特性及结冰情况。图 5-3 所示为此飞机在 6°迎角下,水滴收集率和冰外形(45 min)的对比情况。

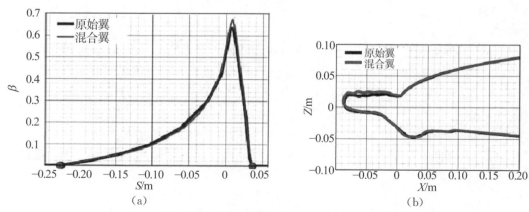

图 5-3　某民机在 6°迎角下,水滴收集率和冰外形(45 min)的对比情况

(a) 水滴收集率对比　　(b) 冰外形对比

图 5-4 为某民用飞机冰风洞用混合翼示意图,图中较大的为原始翼外形,较小的为混合翼外形。图中 U 点和 L 点分别为混合翼与原始翼的上下表面切点。

图 5‑4　某民用飞机冰风洞用混合翼示意图

　　试验段通常竖直安装在试验风洞内,在底部设计机构以调节迎角。如图 5‑5 所示,可通过机械状态调节试验段的迎角。

图 5‑5　试验段在风洞中的安装

　　试验开始前,应完成冰风洞的校准,根据 SAE ARP 5905 的要求,MVD 短时稳定性误差应为±10%以内,LWC 空间均匀性误差应为 20%以内。

　　试验的主要数据是在各个工况下的冰型。常用的采集冰型的方法有描摹、铸造和三维成像扫描等。其中传统的描摹方法最为常见。

　　使用描摹技术获得冰型需要的设备或工具有带卡槽的坐标纸、带卡槽的有机玻璃板、测量剖面的支架、带卡槽的铜板(见图 5‑6)和特种铅笔等。其中坐标纸、有机玻璃板和铜板的卡槽与指定测量剖面的前缘配合段翼型可以自定位重合。在每次完成吹风后,工作人员加热带卡槽的铜板至 2 000～3 000℃,后沿测量剖面支架的卡槽卡进,使得测量剖面的冰融化;将坐标纸置于有机玻璃板上,后沿支架卡槽一同卡进测量剖面。某民用飞机在试验时使用特种铅笔,在坐标纸上描摹得到冰型,如图

5-7 所示。

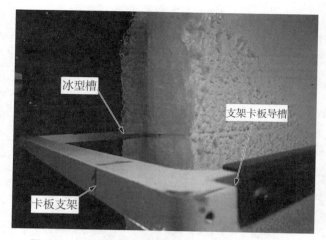

图 5-6　使用带卡槽的铜板(高温)融化后的冰型槽

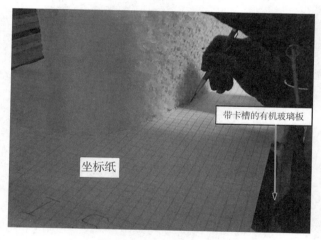

图 5-7　冰 型 的 描 摹

　　与使用铸造技术或三维成像扫描技术获得的冰型相比,描摹技术获得的冰型精度不高,约为 1 mm;冰型沿展向的变化记录不全。但是它简单、方便、实用,因此应用广泛,它能够记录结冰撞击极限、冰型高度,冰角和结冰量等主要信息,是经典的测量冰型的方法。

　　完成上述冰型采集后,对采集的冰型进行数据化重构,可使精度进一步提高到约 0.33 mm。

　　冰的表面粗糙度可通过冰风洞试验结果中单位面积的颗粒密度及尺寸进行确

定,其依据为试验过程中记录的图像。冰的表面粗糙度通过对试验图像的分析获得,并将其转化为可工程化的粗糙度。

5.3.4　防冰系统的冰风洞试验

根据 CCAR/FAR/CS‐25.1419(b)关于防冰条款的审定要求和 AC 20‐73A、AC 25.1419‐1A 给出的符合性验证方法,民用飞机需要使用模拟结冰工具,在规划的自然结冰条件下通过试验来验证防冰系统的性能。在 CCAR‐25 附录 C 规定的结冰条件下进行冰风洞试验,以确定机翼的防冰系统性能参数,为机翼防冰系统设计提供校核,同时为在自然结冰条件下开展飞行试验做好技术准备,为条款符合性验证提供支撑。防冰系统的冰风洞试验通常是局方审定的重要内容,需要局方的参与和目击。

试验主要目的为验证防冰系统的效能,测量防冰区域的温度分布,验证防冰系统分析模型;获取系统的延迟开启冰型;检查试飞是否存在后流水,并获取若存在后流水的冰型;验证故障状态(气防冰考虑单发引气条件)操作程序中的结冰状况;检查试飞是否存在其他异常结冰状况。

试验模型需考虑防冰设备的安装(热气防冰、电防冰),高升力装置工作状态等因素。试验模型需尽可能地贴近飞机构型。

以热气防冰的飞机为例,试验件的热气管理一般分为笛形管、供气管路和排气管路三个部分,由若干的管路、法兰、限流孔板、密封件组成。笛形管的设计应考虑内外压差、沿程损失温度、沿程损失压力、射流流量等因素,其精度要求较高,需要较为精密的数学计算。供气管路和排气管路的设计要点主要是流量控制,通过限流控制使得试验部件的工况尽量贴近真实飞机构型。试验件应在重要的管路出入口加装温度、流量等传感器。

如果飞机采用新颖的电防冰系统,则其试验件的设计较为简化,通常只需要外接电流、电压等控制设备即可模拟防冰系统工作状态。

冰风洞试验包括防冰系统的正常工作、降级工作(低流量)、系统延迟开启等内容,需要包括起飞、爬升、巡航、下降、等待、进近、着陆等工作状态。冰风洞的 MVD、LWC、气压高度、迎角、马赫数、温度、试验时间等应满足 CCAR‐25 附录 C 的要求。

试验过程通常需要全程录像,采集防冰系统的工作状态、防冰对象的各个测温点温度等参数。对于温度分布,除采用温度传感器外,还可以增加红外测温装置作为参考和补充。

对于系统延迟开启情况下和防冰能力不足可能导致的后流冰的冰型测量,通常采用描摹或三维成像扫描技术方法进行确定。民用飞机防冰系统打开时,通常机翼表面不会结冰或形成的冰形很小,只会有少量的残留冰,使用描摹的方法通常更为经济快捷。

第 6 章　飞机结冰与防(除)冰试验试飞

　　试验验证是研究飞机及其部件暴露在含有过冷水滴的空气中凝结成冰的机理和积冰生长的重要方法;是分析结冰冰型对飞机气动性能的影响,并确定各防冰技术方案的重要步骤;更是验证民用飞机及其防(除)冰系统在自然结冰状态下是否满足安全飞行、是否符合条款要求的重要判据。

　　在试验装置和技术手段方面,试验验证通常包括冰风洞试验、带模拟冰型的干空气试飞和自然结冰试飞等。

　　冰风洞试验已在第 5 章中进行介绍,本章着重介绍与带模拟冰型的干空气试飞和自然结冰试飞相关的内容。

6.1　临界冰型的确定

　　对于带模拟冰型的干空气试飞项目,需要先确定飞机各个部件(包括防护表面和未防护表面)的结冰外形,并判断飞机在各种飞行条件以及大气条件下的临界冰型,即对飞机操稳特性和性能影响最严重的冰型,通过数值分析、风洞试验以及飞行试验对结冰影响进行分析。

　　获得用于适航取证的结冰冰型的方法主要有三种:冰风洞试验、分析/计算以及飞行试验。

　　1) 冰风洞试验

　　冰风洞试验是通过在风洞中模拟真实结冰的条件以获得真实冰型的一种手段。为了获得真实的冰型,冰风洞试验的模型大部分都是 1∶1 的模型。由于受到冰风洞条件的限制,对需要确定的严重结冰状态中的部分状态的液态水含量、水滴直径和结冰时间的条件不能够同时满足,需要在各个参数之间进行协调。因此,需要对冰风洞冰型模拟的相似理论进行研究,经过相似转换后,得到与真实条件下基本冰型相似的外形。本书第 5 章对冰风洞试验的方法、内容做出了详细说明。

　　2) 分析/计算

　　由于昂贵的试验费用,以及冰风洞试验的大气参数控制精度等,采用计算的方法获得严重结冰条件下的结冰冰型成为一个重要的手段。计算的方法包括工程估算的方法和数值模拟的方法。

工程估算的方法是利用已有的冰型数据库,这些数据库中的冰型大部分是根据试飞和冰风洞的吹风结果建立的,具体方法如下:在飞行得到的冰型数据库文件中找到与需要确定的冰型具有相似或者相近的几何条件、飞行条件、结冰条件的外形,根据飞行得到的结冰外形数据,结合理论分析,确定严重结冰冰型的关键点,在关键点之间采用差值处理方法,确定冰型。此类方法比较简单,但是由于数据库中的飞机类型以及结冰条件不是很多,因此确定的冰型往往偏保守。如果采用通过此类方法确定的冰型进行气动力的风洞试验或者试飞工作,则对取证方是不利的,因此,目前此类方法采用得比较少。

目前,随着计算机应用技术的发展,通过数值计算获得冰型成为获得严重结冰条件下结冰冰型的一个重要手段和方法。数值模拟是通过求解流体力学方程得到流场之后,进行两相流分析得到物面的液态水含量分布,再通过简单的热力学方程求解得到冰型。由于采用数值模拟的冰型相对比较接近真实的结冰外形,而且随着计算机硬件能力的提升,数值模拟在结冰的适航取证工作中得到了越来越广的应用。本书第 5 章介绍了部分数值模拟方法。

3) 飞行试验

流场飞行试验的方法是利用试验机在真实的结冰条件下进行飞行获得结冰冰型,此类方法成本高,大气条件难以掌握,获得的结冰冰型随机性比较大,试飞试验的可重复性比较差,而且需要等待合适的大气条件才能完成,试飞的时间难以控制,同时试飞成本昂贵,飞行试验的危险性大,大部分飞机结冰适航取证工作只做少量获取冰型的试飞试验。试飞试验的目的是提供飞机在可能存在的大多数结冰气象条件下可以安全飞行的证据。

在型号的适航取证过程中,开展大量数值模拟进行临界冰型的条件判断并获取临界冰型,风洞试验获取结冰冰型已经成为验证数值模拟程序精度和准度的一个辅助手段。在自然结冰条件下的飞行试验主要是为验证飞机结冰后的操稳品质、性能以及飞行安全性,开展少量获取结冰冰型的飞行试验,对数值模拟冰型结果进行验证。

结冰参数临界性分析的主要工作内容如下:针对不同的飞行阶段,考虑飞机的飞行剖面特征和防冰系统设计特征,依靠数值计算的手段综合分析飞机构型参数、飞行参数和结冰气象参数,在飞机飞行包线和结冰气象包线内筛选出不同飞行阶段中飞机结冰最严重的临界结冰条件。

在临界冰型的飞机结冰保护系统正常工作的条件下,飞机可能出现结冰的部件主要包括机头雷达罩、机翼迎风面非防护表面、小翼迎风面、平尾和垂尾迎风面;对于尾吊式民机,还包括发动机挂架。具体的结冰部件及区域与飞机气动布局和结冰防护设计有关。不同部位结冰对飞机有着不同的危害,例如机头结冰危害主要是可能发生冰脱落后冰被吸入发动机或打坏后机身,机翼结冰主要影响飞机的升阻特性,尾翼结冰主要危害飞机的操纵特性等。各部件结冰对飞机不同的危害导致了其结冰临界性的判断标准不同。

同时,不同部件自身的设计特征决定了确定冰型时须采用不同的策略。对于机头结冰而言,判断结冰临界性的标准为冰脱落后被吸入发动机,对发动机造成的危害最大。因此,设定机头结冰重量大而且冰层致密的冰型为临界冰型。鉴于冰风洞设施的局限性,目前无法利用试验手段获得可靠的机头冰型,只能通过三维结冰计算手段获得。机翼和尾翼的临界冰型则分别考虑对飞机气动特性和操纵特性影响最严重的结冰。其中,巡航构型的翼面结冰可通过二维结冰预测手段结合冰风洞试验获得临界冰型,再经过三维拉伸得到三维模拟冰型。增升构型的机翼结冰,鉴于冰风洞试验条件的限制,可依赖于三维结冰计算进行数值预测。小翼由于后掠过大,利用二维计算手段已无法模拟三维结冰特征,只能采用三维结冰计算结合冰风洞试验确定冰型,其临界冰型标准与机翼一致。尾吊式飞机的挂架结冰对飞机的影响较小,采用二维结冰计算手段即可。

针对不同的工况,AC 20-73A 的附录 R-4 定义了以下飞行阶段:

(1) 起飞:两个阶段的冰型。

(2) 航路/巡航(在航路上的结冰)。

(3) 待机冰型。

(4) 进近。

(5) 着陆。

对于各个阶段的冰型,在适航相关条款(121 号修正案)中有具体规定,如表 6-1 所示。

表 6-1　不同飞行阶段需要考虑结冰的情况

飞行状态	冰型的确定条件
起飞	民机的起飞阶段通常分为 4 个阶段,第 1、2 阶段中飞机为增升装置打开的低速构型,第 3 阶段为平飞加速收襟缝翼,第 4 阶段为巡航构型起飞爬升。起飞冰型的计算应考虑所有 4 个阶段的结冰特征。121 号修正案在规章 25 部附录 C 中专门定义了最大起飞结冰条件,在起飞冰型的计算中应贯彻始终,但应注意这种条件只适用于从地面延伸到起飞表面上 457 m(约 1 500 ft)的高度。由于飞机起飞阶段时间较短(通常为 2 min 左右),因此冰积聚不会太厚,但短时间内结冰表面出现的粗糙冰层对飞机起飞可能造成较大影响。根据附录 C,飞机的起飞冰型可以采用计算手段确定。一种可行的方案为利用计算手段确定飞机的结冰范围,利用冰风洞试验测量起飞冰型的粗糙度特征,在适航局方同意的前提下,利用砂粒或其他手段模拟起飞阶段的粗糙冰型

（续表）

飞行状态	冰型的确定条件
起飞最终阶段	发生在飞机达到距起飞表面 122～457 m（约 400～1500 ft），或至飞机完成自起飞形态至航路形态的转变并达到了 V_{FTO} 的高度（取较高者）之间，不保护表面上的最临界冰型和相应于防冰系统正常工作的受保护表面上的任何冰积聚。假定冰积聚自飞机在 CCAR - 25 附录 C 第 I 部分（c）款的起飞最大结冰条件下离地时开始
航路/巡航	民机的航路主要包括爬升、巡航和下降三个阶段。对于巡航阶段，由于飞机的巡航飞行高度通常远高于规章定义的结冰气象条件存在的高度范围，因此可认为该阶段飞机不发生结冰。对于爬升阶段和下降阶段，应根据飞机典型的飞行剖面特征，考虑具有最小爬升率和最小下降率的飞行条件（在结冰云层中飞行时间最长），结合飞机特征重量等飞机参数和结冰气象条件，确定航路阶段的临界冰型。由于飞机爬升和下降阶段的飞行时间较短，因此飞机表面的冰层较薄。但当飞机完成等待飞行进入进近、着陆阶段后，需要考察复飞爬升和着陆爬升的能力，适航规章也有对应的验证条款。在开展验证工作时，须考虑飞机带 45 min 待机冰型进行复飞爬升或着陆爬升
等待	待机冰型是临界冰型确定工作的重中之重。根据相关咨询通告建议，需要考虑 45 min 的等待飞行结冰。由于结冰时间长，冰积聚量较大，因此飞机表面可形成对飞行安全威胁严重的结冰外形。应分别针对机翼、尾翼和机头等不同部件，根据实际的飞机参数、等待飞行参数和结冰气象参数开展结冰参数临界性分析，基于不同部件的结冰临界性标准，找寻各部件的等待临界结冰条件，并结合数值预测和冰风洞试验获得待机临界冰型。在待机冰型确定工作中，认为飞机的结冰保护系统正常工作，待机冰型主要考虑飞机非防护表面的结冰情况，如果防护系统设计不能保证防护表面无结冰，则还应考虑防护表面的结冰
进近	进近飞行阶段需要考虑在不保护表面上的临界冰型和相应于防冰系统正常工作的受保护表面上的任何冰积聚。此时，防冰系统在飞机出了等待飞行阶段并转入最临界进近形态之后开始工作
着陆	着陆飞行阶段需要考虑在不保护表面上的临界冰型和相应于防冰系统正常工作的受保护表面上的任何冰积聚。此时，防冰系统在飞机出了进近飞行阶段并转入最终着陆形态之后开始工作

此外，还应考虑失效冰型和延迟开启冰型。

失效冰型是指飞机结冰防护系统失效后，防护表面的结冰冰型。现代民用飞机普遍采用尾翼不做结冰防护的设计方案，因此失效冰型主要是指机翼防护区域表面的可能冰型。根据 FAA 发布的咨询通告 AC 25 - 25，失效冰型的结冰时间建议考虑最大待机结冰的一半，即 22.5 min，失效冰型的确定方法与机翼待机冰型相同。

延迟开启冰型是指飞机在飞行过程中遭遇结冰条件，防冰系统开启后正常发挥其设计功能之前飞机表面的冰型。

防冰系统打开基于三种情况：

（1）结冰探测系统探测到结冰气象。

（2）机组目视飞机有结冰现象。

（3）飞机飞入飞行手册定义的结冰条件中。

延迟开启冰型应按照规章 25 部附录 C 所定义的连续最大结冰条件来确定,结冰时间应考虑探测/发现结冰和防冰系统启动在时间上的延迟,应当包括探测/发现冰积聚、机组做出反应打开防冰系统、防冰系统正常发挥设计功效等相关的时间延迟。对于延迟开启冰型,可以通过计算手段确定三维结冰范围,在冰风洞试验中确定延迟开启冰型的粗糙度,再利用砂粒等手段进行模拟。

根据工程经验,对于机翼,升力的影响是最重要的。上表面冰角对升力形态破坏最严重,因此,在其他主要冰型参数相同的情况下,上翼面冰角的高度越高就越临界;对于平尾,平尾的可操纵性是最重要的,在其他主要冰型参数相同的情况下,下表面结冰冰角对飞机操稳品质影响较大,因此,下表面冰角的高度越高,就越临界;针对机翼和尾翼,可以总结为冰厚度越大,冰型越临界。由于结冰的粗糙度对于气流分离影响较大,且影响失速特性,因此表面粗糙度也是应考虑的重要因素。

NASA 以"双水獭"飞机的水平尾翼为研究对象开展试验,试验冰型包括一个边长为 6.5 mm 的正方形,以及三个直角边分别为 6.5 mm 和 6.5 mm,7 mm 和 14 mm,2.5 mm 和 8.2 mm 的直角三角形。各冰型长度均为 914 mm。在迎角为 $-2°\sim18°$ 范围内,雷诺数分别为 50 万、100 万和 200 万的情形下,通过冰风洞试验得到了水平尾翼结冰前后的升力、阻力、俯仰力矩和压力系数变化。试验结果表明:与光滑尾翼相比,积冰的存在导致升力下降了 $25\%\sim55\%$,阻力增加了 $400\%\sim900\%$;在高度相同的情况下,相比于正方形的积冰,三角形的积冰会造成更大的气动性能退化;粗糙度会大大影响气动性能,表面粗糙度越大,气动性能越差。以某大型商务飞机的后掠翼机翼为研究对象,在马赫数为 0.185,雷诺数为 180 万的情况下,通过冰风洞试验,对积冰的高度以及位置进行了研究。其中积冰形状为两个高度为 0.2 in(约 5.1 mm)的三角形、一个 0.25 in(约 6.3 mm)的正方形、一个 0.25 in 的四分之一圆和一个 0.5 in(约 12.6 mm)的正方形。同时为了评估积冰位置对气动性能的影响,选取积冰的位置分别为 2.5%、5%、10%、15%、20% 和 30% 弦长处。试验结果表明:积冰高度越高,气动性能退化越明显;当积冰位于 2.5% 弦长处时,最大升力系数的降低幅度最大;当积冰位于 30% 弦长处时,最小阻力系数的增加幅度最大。

在具体实践方面,在 Y7-200 飞机项目中,选定的计算参数如下:平均水滴直径为 22 μm、液态水含量为 0.5 g/m³、大气温度为 $-4℃$、云层水平长度假定为 45 min 一直在结冰云层中等待飞行。飞机等待条件如下:等待高度为 3 000 m、等待真速为 295 km/h。根据理论计算结果,飞行防护表面(主要是机翼、尾翼前缘)1 min 所结冰厚度为 12.6 mm(约 0.5 in),定义为 A 冰型。对于非防护区,等待飞行 45 min 所结冰最大厚度通常为 76 mm(约 3 in),定义为 B 冰型。

在确认具体冰型时,应考虑平均水滴直径、外部空气温度、飞行高度的影响,以已公布的 ARJ21 飞机冰风洞试验和数值计算结果为例,平均水滴直径为 $20~\mu\text{m}$,得到的冰型较为临界。

按照上述原则和方法,结合本书第 5 章介绍的冰风洞试验和数值计算方法,可得出适用于飞行试验的临界冰型。

6.2　试飞需求

中国民用航空规章 CCAR-25《运输类飞机适航标准》第 25.21 条"证明符合性的若干规定"明确规定需要进入结冰区域的飞行器在结冰条件下飞行时必须按附录 C 定义的冰积聚条件表明符合性,并假设飞机及其防冰系统按照申请人制定的并在飞机飞行手册中给出的飞机使用限制和操作程序正常操作。美国和欧洲适航当局也在其适航标准中做出了相应的规定。结冰影响到飞机安全性,其影响范围涉及飞机气动力、飞机性能、操稳品质、飞机各类工作系统以及探测系统等各个方面,结冰对飞机纵向、横向稳定性裕度,以及横向、纵向操纵性力矩特性有影响。梳理适航规章、咨询通告等文件可以得出需要进行结冰飞行试验的适航条款主要集中在性能操稳方面,具体如表 6-2 所示。

表 6-2　需进行结冰飞行试验的适航条款

序号	CCAR 条款	内容
1	25.101	性能总则
2	25.103b(3)	失速速度
3	25.105a	起飞
4	25.107c, g, h	起飞速度
5	25.109	加速—停止距离
6	25.111c(5)	起飞航迹
7	25.119	着陆爬升:全发工作
8	25.121b, c, d	爬升:单发停车
9	25.123a, b	航路飞行航迹
10	25.125	着陆
11	25.1581~25.1587	飞机飞行手册
12	25.143c, d, e, f, g, h, i, j	操纵性和机动性总则
13	25.145	纵向操纵
14	25.147	航向和横向操纵

序号	CCAR 条款	内容
15	25.171	稳定性总则
16	25.175	纵向静稳定性的演示
17	25.181	动稳定性
18	25.201	失速演示
19	25.203	失速特性
20	25.207b, c, d, e, f, g, h,	失速警告
21	25.237a	风速
22	25.251	振动和抖振
23	25.253b, c	高速特性
24	25.773	驾驶舱视界

完成结冰飞行试验是适航取证的必备条件，同时也是研究飞机防（除）冰方法的重要依据，正确认识结冰发生的原因和类型，才能提出合适的防（除）冰方法，解决结冰问题，降低结冰带来的安全风险。而且通过观察积冰的生长过程，研究结冰机理，有助于完善结冰过程的热力学理论模型。同时，通过获取结冰冰型，可对结冰数值模拟方法进行验证，为飞机的设计和优化提供依据。波音公司曾对波音 707 飞机的尾翼及机翼翼根安装羊角状冰型进行了大量的地面及飞行试验，通过试验证明了去掉机翼翼根的热气防冰及尾翼的电除冰系统，对飞机的稳定性及操纵性方面不会有过大的影响，且可以节省大量的能量。因此波音 707 - 320 飞机取消了翼根及尾翼的防冰系统。我国新型民用飞机也在相关机型的试飞数据和分析的基础上，对机翼防冰系统进行了优化，在保证增升构型能改善气流分离，改善失速特性的情况下，缩减了防护，降低了设计难度和成本。

结冰专题试飞包括带模拟冰型的干空气试飞和自然结冰试飞。

6.3　带模拟冰型试飞

由于在自然结冰下开展飞行试验成本极高，且结冰气象获取不易，自然结冰形态较为复杂，难以在有限的试飞架次中获取想要实现的冰型并获取足够的试验数据。因此就需要在飞机关键位置安装导致飞机飞行性能下降最严重情形下的积冰形状的临界模拟冰型，在干空气条件下进行试飞，以得到飞机结冰状态下的气动特性。适航规章要求研制中的飞机必须进行带模拟冰型的干空气试飞并保证飞机的安全后，才能进行自然结冰试飞以表明飞机在结冰条件下的符合性。

完成带模拟冰型的干空气试飞首先基于模拟冰型(通常包括待机模拟冰型、延迟开启模拟冰型和失效模拟冰型)的风洞试验数据,对试飞机带模拟冰型情况下的操稳特性进行理论研究,从仿真计算的角度给出飞机结冰后的失速特性,初步确定失速保护系统参数;分析飞机结冰对着陆俯仰配平和拉平能力的影响,对起降抗侧风能力的影响,以及对副翼效率的影响,等等。理论分析的目的是在试飞前初步了解飞机结冰的操纵特性,也为试飞安全提供保障。理论研究充分后进行试飞,首先完成研发试飞并着重关注理论分析结果中比较临界的状态,确定飞机的失速保护系统参数,确定飞机结冰后的操纵特性;研发试飞完成后进行表明符合性和局方审定试飞,充分验证飞机带冰型后的操稳特性。试飞完成后分析处理试飞数据,编制审定试飞报告,提交适航审批,关闭条款。

6.3.1　冰条的制作与安装

试飞所需的模拟冰条包括前缘缝翼冰条、机翼翼梢小翼冰条、垂直尾翼冰条、水平尾翼冰条和发动机吊挂冰条,冰条不仅需要精确模拟飞机实际飞行过程中产生的冰型,同时需要满足一系列设计要求以保证试飞安全。

综合多个民机型号的试飞经验,模拟冰条结构应按照如下原则进行设计:

(1)尽量选用常规材料。

(2)材料具有较小的密度,总重量较轻。

(3)易于进行精密加工,最好能够达到 1 mm 量级。

(4)模拟冰条具有一定的柔韧度,能够适应飞机试飞过程中的变形。

(5)表面应具有足够的硬度。

(6)结构及其工艺尽量简单,便于工程实施。

模拟冰条不仅要能模拟飞机在飞行过程中结冰部位产生的冰条外形,而且还要能够模拟冰条外表面的粗糙度。现实情况中一次性制作能够满足所有要求的模拟冰条难度大、成本高。因此在实际民机型号中,通常将模拟冰条分成两部分,一部分是冰条主体,用来模拟冰条的外形尺寸;另一部分是安装在主体外表面的部件,用来模拟冰条表面的粗糙度。

冰条的外形复杂程度较高,需要采用三维数控加工的办法,利用三维数字化模型进行数控铣削加工,才能保证模拟冰条的外形尺寸满足加工精度要求。同时模拟冰条均安装在前缘蒙皮上,那么模拟冰条的内表面形状必须与安装部位的前缘蒙皮外形保持高度一致,才能保证模拟冰条在安装过程中可以进行准确定位。

带模拟冰型的干空气试飞通常在型号试飞任务密集期开展,多种冰型在试飞期间需进行快速更换,因此冰条的制作要求充分考虑模拟冰条的安装可行性和便利性,同时要求试飞完成后,模拟冰条能够从蒙皮表面顺利拆除,拆除过程中不能对飞机各构件造成破坏,不能对蒙皮表面造成损伤。基于模拟冰条的安装和拆除要求,相较于其他紧固件方案,采用胶接的办法将模拟冰条安装在对应位置在工程实践中是较为合适的方法。

适当的胶接方法不仅可以保证结构在使用中满足强度要求,而且在使用后可以采用对应的方法在不损坏部件的情况下将两部分部件剥离。采用胶接的方法可以保证模拟冰条的正常使用,也有利于安装与拆除工作的有效进行。

针对模拟冰条应当具有重量轻的特点的要求,主体材料应选用轻质常规材料,并且要便于数控加工。根据历史型号经验,可作为模拟冰条主体备选材料的有聚氨酯硬质泡沫、红松和 ABS 塑料等,其中聚氨酯硬质泡沫和红松的强度相对较低。模拟冰条需要有足够的强度,在试飞过程中模拟冰条自身不应发生破坏,因此在某国产民机的模拟冰条结构设计过程中采用了纤维增强的办法以提高模拟冰条结构的强度。将模拟冰条设计为轻质夹层复合材料结构。

轻质夹层复合材料结构重量轻,利用轻质材料作为主体可以使模拟冰条的外形与实际冰条外形高度吻合,能够保证模拟冰条的外形精度要求。外层的纤维增强面板可以增强模拟冰条的自身强度,并将增强面板的胶接区域沿弦向扩大。

飞机缝翼、平尾、垂尾较长,模拟冰条的主体材料通常无法整体加工,必须分段加工。将大部分模拟冰条拆分为小段,外形复杂程度高、加工难度大的模拟冰条,如机翼向翼梢小翼过渡处的模拟冰条,可拆分为长度更小的分段,以适应安装的需求。

在试飞过程中,机翼和平尾会产生不同程度的弯曲变形。安装模拟冰条后,弯曲变形造成相邻两段模拟冰条在上翼面相互挤压,下翼面出现开口。模拟冰条主体材料的强度不高,挤压作用对模拟冰条自身强度具有影响。采用中间粘接橡胶垫的办法,对相邻两段模拟冰条之间的挤压起到缓冲作用,降低两端模拟冰条之间的相互作用。在拆分过程中,每两段模拟冰条之间截去的间歇应使用厚橡胶垫填补,在安装时,橡胶垫两端均与相邻的模拟冰条粘接,保证模拟冰条的连续性。

对于模拟冰条的另一组成部分——安装在主体外表面的部件,选用粘接尺寸符合要求的颗粒物。具体由冰风洞试验冰型表面粗糙度确定,为模拟粗糙度的颗粒物选用质地坚硬的猫砂,将颗粒物压碎后进行筛选,将其粘接在复合材料夹芯结构的外表面。已公布的 ARJ21 飞机试飞用冰条粗糙度为 1~3 mm,图 6-1 为某民用飞机模拟冰条结构示意图。

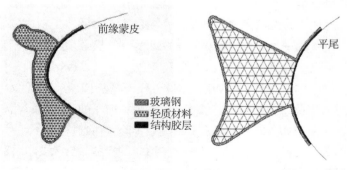

图 6-1 模拟冰条结构示意图

在冰条的选材方面,模拟冰条的主体材料应当选取密度小、易加工、尺寸稳定性高的常规材料。聚氨酯硬质泡沫密度为 $0.04\,g/cm^3$,具有一定的硬度,该种材料作为模拟冰条的主体材料可以保证模拟冰条自身的刚度和硬度,但加工难度大,数控机床在铣削时进刀处容易断裂,使得产品报废风险高,大幅度增加了加工所需时间,同时由于冰条外形复杂,部分位置厚度较小,使用聚氨酯硬质泡沫不易于保存和运输。ABS 塑料化学名称为丙烯腈-丁二烯-苯乙烯共聚物,是目前用量最大、应用最广泛的聚合物,具有优良的力学性能,容易加工成型,尺寸稳定性较好,ABS 在 $-40℃$ 时仍能表现出一定的韧性,可在 $-40\sim100℃$ 的温度范围内使用。但密度较大,为 $1.10\,g/cm^3$ 左右,不符合重量轻的要求。红松材质柔软,气干密度为 $0.44\,g/cm^3$,相对具有一定的硬度,尺寸稳定性较好,不易开裂,切削容易,切面光滑。模拟冰条的主体材料应当选用重量轻、硬度大、容易进行数控加工的材料,同时也要易于保存和运输,具有良好的粘接性能。综合多个方面,对比三种备选材料的优缺点,红松密度适中,相对具有一定的表面硬度,易于进行三维数控加工,适合用作模拟冰条的主体夹芯材料。

模拟冰条外层的纤维增强面板选用高强度玻璃纤维增强复合材料。该种复合材料具有较高的性价比和稳定的力学性能,使用范围广泛,取材便利。高强度玻璃纤维用作纤维增强复合材料中的增强材料,是一种性能优异的无机非金属材料,种类繁多,优点是绝缘性好、耐热性强、抗腐蚀性好、机械强度高,但缺点是性脆、耐磨性较差。

在 ARJ21 飞机试飞项目中,内层夹芯主要选取轻质红松,确保模拟冰条能够适应飞机试飞过程中安装冰条部件的变形,也不至于与部件之间发生错位而损坏甚至脱落。增强面板选取玻璃纤维,材料常规、成本低廉,确保模拟冰条表面有很高的强度,同时增加冰条与飞机之间的接触面积从而增强冰条与飞机部件之间的粘接强度。树脂选用温度适用范围较广的 618 或 R104 环氧树脂。值得一提的是,在此试飞项目中,因冰条夹芯的外形复杂程度较高,故采用三维数控加工的办法,特别是模拟冰条的内表面形状必须与加装部位的前缘蒙皮外形保持高度一致,以确保模拟冰条在加装过程中可以进行准确定位。规则外形(前缘缝翼冰条、平尾冰条、垂尾冰条、吊挂冰条等)的加工公差控制在 $0.5\,mm$ 以内,复杂外形(如翼梢小翼拐折处)的加工公差控制在 $2\,mm$ 以内。

根据工程实践,模拟冰条安装时需注意以下事项:

(1) 根据冰条安装区域面漆使用情况,采取褪漆措施。

(2) 在适当的环境温度下开展工作,通常要求在 $16℃$ 以上。

(3) 每架次试飞完成后检查猫砂脱落情况并补充,检查冰型间的缝隙,按需补胶。

(4) 带模拟冰条试飞结束后,修补对缝胶、缝外胶,然后为缝翼补漆。

（5）冰条安装前对安装区域蒙皮上的紧固件进行密封处理。

垂尾冰条与垂尾的接触面积较大，考虑到试飞后的拆卸问题，垂尾冰条的安装根据垂尾的外形相应调整。

针对翼梢小翼等部分的冰条安装也可采用类似的步骤和方法。

试飞结束后，模拟冰条需要拆除，具体的拆除步骤如下：

（1）将夹芯结构的外表面的两层玻璃布剥离。

（2）将夹芯拆除。

（3）剥离蒙皮上的两层玻璃布。

（4）用丙酮等可以软化树脂的溶剂擦拭蒙皮表面残留的树脂，辅以硬度较低的工具进行清理。

（5）根据实践情况，为飞机补漆。

图 6-2 为 ARJ21 飞机模拟冰加装示意图。

图 6-2　ARJ21 飞机模拟冰示意图

6.3.2　试飞风险评估

飞机加装冰型后，气动外形受到严重破坏，使升力减小，阻力增加，失速速度增大，最大速度降低，这样就使飞机的飞行包线缩小。试飞时，试验机必须在地面贴好模拟冰型，但在实际使用过程中是严禁飞机带冰霜起飞的，况且模拟冰型是根据自然结冰中最临界情况设计的。所以，带冰型起飞时，要求发动机具有足够的剩余推力，以保证在起飞过程中出现单发停车的情况下能够满足规定的爬升梯度。否则，一旦出现单发停车,后果不堪设想。在进近、着陆过程中,如果仍使用不带冰型时的襟翼偏度,则可能导致平尾失速;减小进近、着陆襟翼偏度,势必会增大着陆速度与着陆滑跑距离,也会使安全系数降低。况且带冰型后,飞机操稳特性变差,舵面效率降低,给操纵飞机带来极大的不便。按照 FAA、NASA、EASA 的试飞经验以及我国在民机试飞中的实践,通常将带模拟冰型的干空气试飞列为典型的高风险试飞科目。

为了降低试飞风险,必须采取一定措施,使得试飞的风险降低到可接受的范围内。

首先,冰型的加装应该是循序渐进的,待机冰型是三种模拟冰型里风险相对而言最小的。根据经验和 Y7、ARJ21 等飞机的试飞结果分析,待机冰型(小翼、垂尾、平尾、发动机挂架、机头 45 min 冰)对失速速度和失速迎角的影响相对有限。平尾产生的俯仰力矩能力虽有所降低,但仍有足够的俯仰配平能力。考虑试飞安全性以及气动特性的逐步缓慢变化,在进行待机模拟冰型研发试飞时分两步进行:第一步加装一半平尾待机模拟冰型(翼根处)和其余部位所有的待机模拟冰型;第二步加装所有部位的待机模拟冰型。以此来逐步摸清平尾结冰的飞机特性。

延迟开启(DTO)模拟冰型的试飞风险高于待机冰型。DTO 冰型研发分三阶段进行,从内到外分三次加装 DTO 冰型,每次加装一块缝翼,待三次研发试飞均完成以后再进行一次加装全部 DTO 冰型的申请人表明符合性/局方验证试飞。加装冰型从内到外进行是因为如果先加装最外面的冰型,机翼外侧先失速,副翼会失去效用,飞机失去横向控制,这时试验风险最大,应该在最后进行。

失效冰型也应分次加装,某国产民用飞机试飞时,分了 7 次加装失效冰型,加装过程中需考虑特性的临界性。

其次,考虑到冰型对起降性能的影响,整个试飞过程也应该先安排小重量的试飞,后安排大重量的试飞。

此外,进行此类试飞,所有参与试飞的试飞员、试飞工程师都应完成模拟机演练和应急离机培训,而飞机必须安装应急离机系统。试验机也应以风险评估为依据,视情况安装反尾旋伞或其他尾旋改出设备。

由于飞机气象雷达和机翼防冰部分加装了冰条,试飞过程中无法使用气象雷达和机翼防冰,且过多的水汽可能导致冰脱落等问题,因此,在试飞过程中飞机严禁进入已知结冰区域。

6.3.3　试飞测试系统

带模拟冰型的干空气试飞主要针对性能、操稳类科目,因此在测试参数上与其他性能、操稳类试飞科目大致相同,主要监控的参数如下:

(1)重量、重心、襟缝翼、起落架、飞控模式、YD、左油箱燃油、右油箱燃油、大气温度。

（2）高度、速度、马赫数。

（3）纵向操纵力、纵向操纵位移、横向操纵位移、脚蹬位移。

（4）方向舵偏度、水平安定面偏度。

（5）俯仰角、滚转角。

（6）迎角。

（7）法向过载。

（8）俯仰角速度、滚转角速度、偏航角速度。

（9）发动机 N1 转速。

（10）减速板手柄位置或减速板位置。

（11）振动加速度信号。

（12）失速推杆信号、失速抖杆信号。

试飞涉及多个重心状态，且试飞过程中对重心有严格的要求，因此，试飞机应安装水配重系统，确保飞机能够维持在最前和最后重心，以满足试飞要求。

失速类试飞对减速率、精确迎角、过载等最为关注，通常需要加装一套综合显示系统，供试飞员使用。

出于试飞科目的需要，要获得更加精准的迎角、侧滑角等数据，可能需要在试验机上加装前支杆或拖锥，并安装迎角、侧滑角以及动、静压传感器。

为了更精准地处理数据，需加装拖锥测量静压，差分 GSP 记录几何高度。

为了保障试飞安全，除了前文提到的应急离机系统和反尾旋装置外，还应该加装地面遥测系统，加强飞机的检控。

6.3.4 试飞实施

试飞采用先研发试飞，然后表明符合性试飞，最后审定试飞的程序。在研发阶段，应先完成小重量、后重心的失速特性试飞，确定相应失速保护的提前量，再完成其他科目。在表明符合性和审定试飞过程中则应该先完成前重心的失速速度试飞，最后完成难度较大的失速特性和加速失速警告试飞。各冰型的试飞内容根据试飞机型会略有不同，但大致会包括如下内容。

1）带待机模拟冰型

（1）失速特性。

a. 机翼水平失速特性：在给定高度、襟缝翼位置、起落架位置、减速板位置和发动机状态下，以相应构型的 $1.23V_{SR}$ 配平飞机稳定直线飞行，操纵飞机进行减速率 1 kn/s 情况下的机翼水平减速，直到推杆器工作。推杆器工作解除后，试飞员操纵飞机恢复到正常飞行状态。

b. 30°坡度转弯失速特性：在给定高度、襟缝翼位置、起落架位置、减速板位置和发动机状态下,以相应构型的 $1.23V_{SR}$ 配平飞机稳定直线飞行,建立并保持 30°坡度稳定转弯(操纵副翼和方向舵保持 30°坡度),操纵飞机进行减速率 1 kn/s 情况下的转弯减速,直到推杆器工作。推杆器工作解除后,试飞员操纵飞机恢复到正常飞行状态。

　　c. 加速失速警告。

在规定的高度、襟缝翼位置和起落架位置,以相应构型的 $1.3V_{SR}$ 配平飞机稳定平飞 5 s 后,建立法向过载 1.5g、减速率至少 2 kn/s 的减速转弯,试飞员在识别到失速警告出现至少 1 s 后改出。

针对失速特性的试飞,主要考察的数据段是 $1.1V_{SR}$ 至实际失速及改出之间的数据段。所谓减速率的要求,也是针对此段数据提出的,在试飞过程中,选取一个较大的初始动作,可以帮助试飞员建立起稳定的减速率。针对 30°转弯失速和加速失速警告,通常要在配平速度的基础上增速 10~20 kn,再开始试飞动作。

　　(2) 冰污染水平安定面失速。

冰污染水平安定面失速试飞包括 0g 过推机动与侧滑机动。

　　a. 0g 过推机动:按照要求的构型和发动机功率配平飞机到稳定直线飞行,保持平尾配平偏度不变,拉杆至合适的俯仰角,连续推杆至 0g 法向过载。如果最小法向过载受升降舵操纵权限限制,则使用在目标速度达到的最低载荷系数,对于配平速度是 $1.23V_{SR}$ 的试验点,目标速度不超过 $1.23V_{SR}$,对于配平速度是 V_{FE} 的试验点,目标速度不小于 $V_{FE}-20$ kn。

　　b. 侧滑机动:在进近构型起落架放下的 −3°航迹相应功率;在配平速度 $1.23V_{SR}$ 和 −3°航迹相应功率或推力,进行稳定的直到全偏方向舵的航向侧滑,180 lb 脚蹬力或全偏横向操纵(以先出现为准)。

　　(3) 机动特性。

　　a. 推拉杆机动:在给定速度(V_{FE} 的速度点只拉杆不推杆)上配平飞机,拉杆至1.5g 过载,推杆至 0.5g 过载。

　　b. 稳定水平转弯:在给定速度上配平飞机,然后建立 40°坡度,保持坡度进行稳定转弯飞行。

　　c. 快速急剧滚转:在给定速度上配平飞机,建立 30°坡度盘旋,急剧阶跃副翼进行反方向 30°滚转机动。

　　d. 收放减速板:在给定速度上配平飞机,进行收减速板机动和放减速板机动。

　　(4) 纵向配平。

按照规定设置飞机的构型,配平飞机到松杆飞行 20 s。

　　(5) 纵向静稳定性。

在规定的构型和配平条件下,建立直线飞行,发动机功率设置为所需功率,拉杆使飞机减速,在配平速度和目标速度之间的 2~3 个速度上以稳定速度飞行,然后缓慢松拉杆直至飞机回复到松杆飞行,确定自由回复速度。重新建立配平速度,推杆使飞机增速,在配平速度和目标速度之间的 2～3 个速度上以稳定速度飞行,然后缓慢松推杆直至飞机回复到松杆飞行,确定自由回复速度。高度变化限制在 3 000 ft 的范围,如果超过这个高度范围,则通过改变功率以及襟翼和起落架位置但不改变配平位置使飞机回到初始配平高度,然后以原来的形态继续进行拉杆或推杆机动。

由于冰型的影响,此试验通常损失的高度较多,通常需要多次爬升以完成一侧的试验点。而在部分机型爬升过程中,起落架构型或自动配平功能可能影响试验的配平量,因此,记录配平量就显得尤为重要,单侧的数据应在一个配平条件下完成。相应地,单侧的数据也应该在一次试飞中完成。

(6)横航向静稳定性。

将飞机按照给定的构型与速度配平到稳定直线飞行,按照预定的滚转角使用方向舵和副翼建立定常直线侧滑飞行;逐步增大滚转角直至飞机适用的角度,然后逐渐松杆和舵来恢复飞机到稳定直线飞行。试验过程中不使用配平装置。

(7)横向操纵-单发工作。

a. 横向操纵-转弯性能:在 YD 接通和断开情况下,建立燃油不平衡状态,临界的不工作发动机一侧的燃油比另一侧多 400 kg。将飞机按规定的状态在 $1.3V_{SR}$ 配平到稳定爬升后向工作发动机一侧和相反一侧做 20° 滚转角转弯。

b. 横向操纵-滚转性能:在 YD 接通和断开情况下,建立燃油不平衡状态,临界的不工作发动机一侧的燃油比另一侧多 400 kg。将飞机按规定的状态配平到稳定转弯飞行,在各个速度的 30° 稳定转弯飞行过程中完成滚转角为 60° 的阶跃副翼动作,演示的滚转方向为最不利方向。

(8)动稳定性。

a. 纵向动稳定性:按给定高度和速度配平飞机做稳定直线水平飞行,倍脉冲升降舵以获得飞机短周期俯仰响应所需要的速率和幅值,检查其短周期振荡的特性。

b. 横航向动稳定性:在偏航阻尼器接通/断开情况下,将飞机在规定的状态配平到稳定直线飞行,倍脉冲方向舵以激起"荷兰滚"响应,检查其横航向动稳定性。

(9)振动。

在 $1.23V_{SR}$ 以平飞所需推力配平飞机,再使用最大连续推力将飞机在 1.0g 飞行中加速到 V_{FE}。演示在直到 V_{FE} 的任一速度的直线飞行中是否出现可察觉的振动。

2)带失效模拟冰型

(1)演示失速:推杆器按照失效冰型模式设置,在 $1.3V_{SR}$ 配平,操纵升降舵以 1 kn/s 减速率减速,直到飞机抖杆器工作 1 s 后,飞行员推杆改出失速。

（2）推拉杆机动：在给定的速度配平，推杆至 0.5g，襟缝翼 0 和 2 卡位拉杆至 1.5g 或飞机出现抖杆告警（取先到者），襟缝翼 3 卡位拉杆至 1.3g。

（3）收放减速板：在给定速度上配平飞机，进行收减速板收机动和放减速板收机动。

（4）协调侧滑：在给定的状态配平，进行稳定的直到全偏方向舵的航向侧滑，180 lb 舵力或全偏横向操纵（以先出现为准）。

（5）30°坡度转弯：在给定速度上配平飞机，建立 30°坡度盘旋，使用正常的反向操纵进行反方向 30°滚转机动。

3）带延迟开启（DTO）模拟冰型

（1）演示失速。机翼水平失速演示：推杆器按照 DTO 冰型模式设置，在 1.3V_{SR} 配平，操纵升降舵以 1 kn/s 减速率减速，直到飞机抖杆器工作 1 s 后，飞行员推杆改出；30°坡度转弯失速演示：推杆器按照 DTO 冰型模式设置，在 1.3V_{SR} 配平，建立 30°稳定坡度，以不大于 1 kn/s 的减速率减速，直到飞机抖杆器工作 1 s 后，飞行员推杆改出。

（2）推拉杆机动：在给定的速度配平，推杆至 0.5g，襟缝翼 0 卡位拉杆至 1.5g 或飞机出现抖杆告警（取先到者）。

试飞技术主要有以下几个注意事项：

（1）执行试飞时，由于飞机的阻力较大，相同试飞机动动作较无冰时损失的高度较多，因此应尽量利用好高度允差，充分利用上下边界，提高试飞动作的成功率。

（2）为了减少机组工作量，避免人为差错，最好将需验证的结冰失速提前模式或控制律注入飞机系统中。

（3）执行试飞时，试飞工程师应关注加装模拟冰型的情况，如果发现了脱落，应立即中止试验。

6.3.5　试飞数据处理

带模拟冰型的干空气试飞是考察飞机在加装了模拟冰型以后相关的性能及操稳特性变化的试飞。试飞动作几乎包括大部分操稳试飞机动动作，其试飞动作和数据处理方法与未加装冰型时完全相同，故不再赘述。仅冰污染水平安定面失速试飞（ICTS）是特有的试飞科目。

以此科目为例，其可接受判据为在冰污染水平安定面失速试飞推杆过程中有适当的操纵性和机动性，不存在杆力反向以及俯仰发散趋势，0g 过推机动改出时拉杆力不超过 50 lb/22.7 kg。

图 6-3 所示是典型的 0g 过推机动的试飞数据，从图中可以看出，在推杆过程中不存在杆力反向，俯仰收敛不存在发散趋势，0g 过推机动改出时拉杆力不超过 50 lb/22.7 kg，满足判据要求。

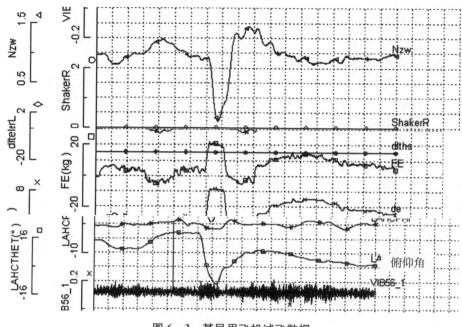

图 6-3　某民用飞机试飞数据

6.4　自然结冰试飞

飞机在投入正式航线飞行前,必须进行自然结冰试飞,即在自然结冰状态下,通过飞行试验表明飞机防(除)冰系统在暴露于适航条例规定的连续和间断最大结冰状态下能够安全运行。

自然结冰合格审定试飞特指在 CCAR-25 附录 C 规定的自然结冰气象条件下进行的审定试飞。自然结冰合格审定试飞一般涉及性能操稳专业、防冰专业、发动机专业等,结冰条件下的飞行性能、操稳特性、防冰系统性能等都需要通过自然结冰试飞来演示或验证,防冰系统性能计算分析模型、结冰计算模型等也需要经过自然结冰试飞结果校核或修正才能扩展到整个附录 C 包线。自然结冰试飞一般是防冰、结冰专业适航验证的最后一个环节,同时由于其对气象条件要求较高,试验实施难度较大,属于高风险试飞科目,因此一般选定为局方与申请人同时进行的并行试飞。

在实际的试飞过程中,气象条件往往难以把握,捕捉到的结冰气象条件往往与设计状态存在差异,要完全按设计状态飞行几乎是不可能的。一般是在尽可能严重的结冰条件下飞行,通过试飞状态点的计算分析结果和试验结果比对来分析设计模型的合理性,验证在设计状态下防冰系统的功能及性能,从而确定防冰系统是否能有效工作。要求试飞状态点能够代表较为典型的飞行剖面和发动机功率包线。通常情况下需要覆盖爬升、等待、巡航、下降阶段,考虑到实际云层的厚度有限,可以用平飞状态替代爬升和下降飞行,仅需要使试验发动机处于预定的功率状态即可。

在自然结冰状态下试飞时,除了测量防冰系统本身的数据(如热气防冰系统中热气的流量、压力、温度或电热防冰系统的电流、电压、温度分布等)外,还需测量结冰状态参数(液态水含量、平均水滴直径、温度等)以及结冰强度(每分钟结冰的厚度等)。在试飞过程中,对于存在溢流冰的情况,应当考虑溢流冰是否会对飞机的性能产生严重的影响;对于可能受到冰脱落影响的发动机或其他重要设施,应考虑脱落冰的尺寸、硬度等物性参数,从而避免在试飞时产生危险。

自然结冰试飞具体科目如表 6-3 所示。

表 6-3　自然结冰试飞科目

序号	科目/系统	CCAR 验证条款	试飞内容
1	自然结冰条件下的机翼防冰系统试飞	25.1419、25.1301(a)、25.1309(a)、附录 C	进入结冰区域前、进入结冰区域以后、延迟 30 s 打开 WAI 进入结冰环境 5~10 min。验证自然结冰条件下机翼防冰系统的性能,及与飞机相关的显示、告警、控制逻辑功能
2	自然结冰条件下的短舱防冰系统试飞	25.1093(b)(1)、25.1419、25.1301(a)、25.1309(a)、附录 C	进入结冰区域前和延迟 2 min 打开 NAI 开关的情况下进入结冰环境 5~10 min。验证自然结冰条件下短舱防冰系统功能,检查"2 min 延迟"对工作发动机的影响
3	自然结冰条件下的风挡防冰系统试飞	25.1419、25.1301(a)、25.1309(a)、附录 C	自然结冰条件下检查风挡加温功能。验证风挡加温系统的防冰功能和告警指示
4	自然结冰条件下的结冰探测系统试飞	25.1419、25.1301(a)、25.1309(a)、附录 C	验证结冰探测系统功能
5	发动机风扇冰脱落符合性验证试飞	25.1093(b)(1)	在 CCAR-25 附录 C 规定的最大连续结冰气象条件下飞行至发动机风扇发生 3 次冰脱落;若未发生风扇冰脱落则应飞行 45 min 或尾翼前缘结冰厚度达到 2.5 in。验证在附录 C 规定的结冰条件下,发动机在整个飞行功率(推力)范围(包括慢车)工作,发动机部件上没有不利于其运转或引起功率或推力严重损失的冰积聚

序号	科目/系统	CCAR 验证条款	试飞内容
6	自然结冰条件下的飞行品质试飞	25.21（g）、25.1093（b）(1)、25.1301(d)、25.1323(e)、25.1325(b)、25.1419(b)(c)、25.1309(a)	在结冰环境中飞行 45 min 或尾翼前缘结冰厚度达到 2 in 后出云层进行性能/操稳机动动作。验证自然结冰后飞机的飞行品质
7	自然结冰条件下的大气数据系统试飞	25.1093（b）（1）、25.1301(d)、25.1309（a）、25.1323（e）、25.1325(b)、25.1419(b)(c)	自然结冰飞行过程中观察空速、气压高度显示是否正常。验证自然结冰飞行对大气数据系统的影响
8	自然结冰条件下的应急供电（RAT 手动释放)试飞	25.671、25.1301（a）(4)、25.1309（a）、25.1351(b)(1)(b)(6)(d)、25.1353（a）、25.1363(b)、25.1431(c)、25.1707(b)	在飞机结冰状态下，左右主发电机通道正常工作的情况下，手动释放 RAT。检查结冰状态下 RAT 系统应急释放的能力
9	自然结冰条件下 APU 进气系统试飞	25.1093（b）（1）、附录 C	进入结冰区域前启动 APU，飞离结冰区域后关闭 APU。检查自然结冰条件下 APU 工作是否正常

对于防冰功能类的试飞科目，必须在试验前完成干空气条件下的功能试飞，并调节系统参数，以适应自然结冰试飞。

6.4.1　自然结冰试飞空域

根据 CCAR-25 的条款规定，飞机必须在规定的连续最大（层云）和间断最大（积云）结冰状态下安全飞行。大气结冰状态的最大连续强度由 LWC、MVD 和周围空气温度三个变量决定。以周围空气温度为 $-10\ ℃$ 为例，对于连续最大（层云）结冰状态，规定在一定的高度范围和水平范围内，探测到的 LWC、MVD 需要满足结冰限制包线，MVD 越小，相应的 LWC 标准越高。当 MVD 为 $40\ \mu m$ 时，LWC 至少要在 $0.16\ g/m^3$ 以上；当 MVD 为 $15\ \mu m$ 时，LWC 至少要在 $0.60\ g/m^3$ 以上。CCAR-25 附录 C 对自然结冰试飞气象条件的规定与 FAR-25 附录 C 的规定一致。FAR-25 附录 C 中关于大气结冰条件的描述以及各物理量之间的多幅相互关系图首次发布于 1949 年，并沿用至今，主要是基于 1945—1950 年冬天在美国上空 20 000 ft（约 6 km）处，3 000 n mile（5 560 km）飞行距离范围内对过冷云层的探测研究。需要指出的是，附录 C 中规定的 LWC 特指"可能最大值"，即在给定水平距离、大气温度、云中液滴尺度的情况下，所有探测数据中 99％的 LWC 平均值均小于此值，表征的是结冰"最严重"的状态。

以结冰试飞研究比较充分的美国为例，在美国不同地域会采用气象气球采集数据，网上也有飞行员航线报告的数据。虽然一年中都有结冰的天气，但不是所有结冰天气都能满足附录 C 的条件。从历史记录来看，北半球 1—2 月结冰概率较高，但结冰高度较低，为 1 000～2 000 m，不适合飞行取证。取证要在 4 000～5 000 m 之间寻找合适天气，在这个范围内结冰比较牢固，结冰概率为 10％～15％，但是达到符合附录 C 要求的概率只有 5％。因为满足附录 C 条件比较难，各主要民机制造商在进行自然结冰试飞时不会在一个地方等云，而是主动追云。一些气象运动较为可能产生结冰云层，比如在冷、暖锋面交界处，冷锋面处水汽上升，形成积云；在暖锋面处水汽的上升较缓，可能形成层云。在大湖区域，风暴、高山的山峰群上面也有结冰云层，但飞行安全不能保障。根据气象条件预报，判断有没有云除了看卫星图片外，还要看多普勒和红外线，以此分析云的高度和厚度。判断出合适的云区后可以打电话给机场咨询云层高度、温度等情况。防（除）冰系统科目验证的时候选择水含量较大，温度稍高（−10～−5℃）的气象条件。操稳验证科目选择较干和较冷的气象条件。做不同的试验应选择不同的高度。低于一定的高度，温度比较高，机体的冰极容易脱落。

近些年来我国结冰气象研究有了长足的进步，相关研究结果表明满足产生飞机积冰的条件如下：必须在 0℃等温线附近并且温度低于 0℃。在−10～0℃，如果温度太冷，空气就会变得干冷，缺少水分而不容易产生飞机积冰。高于 0℃的地区一般是不会产生飞机积冰的；有水汽的聚合或者相对湿度较高的区域容易产生飞机积冰。水汽是产生飞机积冰必不可少的条件，在大气产生辐合运动或者产生切变线时会聚集有大量的水汽，使这一空域的相对湿度增大；锋面过境而产生逆温层，在逆温层之上低于 0℃且靠近 0℃的区域容易出现结冰气象。

根据统计，我国结冰气象大致规律如下：在 12、1、2、3 月份（冬半年）积冰的高发区在 850 hPa 的新疆北部以及 700 hPa 的长江流域偏南地区；3、4、5、6 月份则在 600 hPa 的长江流域，并且从 5 月份开始，500 hPa 的青藏高原地区开始出现积冰；6、7、8、9 月份，500 hPa 高度层以青藏高原地区为中心出现积冰的频率最高，且覆盖范围最广，9 月份开始，在 700 hPa 高度层，北方地区出现高概率积冰区；10 月份，全国的积冰区域不明显；11 月份的新疆北部地区出现大面积的积冰区域。综合考虑试飞地区的气象预报服务水平、试飞区域内的备降和保障条件、试飞空域使用灵活度等因素，国内适合进行自然结冰的试飞空域主要集中在新疆北部和三峡库区。2022 年初，某国产民机以阎良为基地完成了自然结冰试飞，也标志着我国结冰气象研究与预测水平达到了新的高度。

在全球范围内，北美五大湖区域仍是自然结冰试飞最理想的试飞区域，寒冷干燥的气流在流经五大湖时会产生大量的潮湿空气,与落基山脉的天气系统相遇,形成了理想的自然结冰气象条件。其附近除了芝加哥和底特律以外的区域,人口不是很密集,地面地势平坦,空中交通不是很繁忙,海拔高度在 500 m 以下,是自然结冰试飞的理想区域,附近的民航机场也有较多的备降和保障选项。

6.4.2　测试改装

为了保障飞机在自然结冰试飞时的安全性,准确测量自然结冰云层参数,试飞机除了常规的参数采集、遥测等测试改装外,还需要进行部分特殊改装,主要包括摄像头改装、特殊涂装、结冰标尺、结冰气象参数探测设备(CCP)改装、部分区域温度传感器改装和应对高风险试飞科目的应急离机系统。

1) 摄像头改装

自然结冰试飞时加装的摄像头应能够在试飞中清晰地记录风挡及驾驶舱、单侧或双侧机翼外翼段、单侧或双侧机翼内翼段、翼根、单侧或双侧平尾、机身上部通信导航类天线、结冰气象参数探测设备、垂尾、辅助动力系统(APU)进气口、单侧或双侧的发动机进气道、单侧或双侧的发动机,图 6 - 4 所示为民用飞机进行自然结冰试飞时在客舱加装的摄像头。

图 6 - 4　客舱内加装的摄像头

2) 特殊涂装

为了更好地观测机翼前缘的结冰情况,需在机翼前缘喷涂黑色亚光底漆和黄色刻度线。另外,由于机翼前缘结冰可能会超过缝翼上表面,因此要将上翼面的喷涂区域向后方主翼表面延伸 150 mm。机翼前缘喷涂后的效果如图 6 - 5 所示。

为了更好地观测发动机吊挂前缘的结冰现象,需在吊挂前缘喷涂黑色亚光漆,并在吊挂前缘附近的短舱外表面以及沿吊挂弦向喷涂标尺以测量结冰厚度和结冰范围。为了更好地观测发动机唇口结冰情况,需在发动机唇口喷涂黑色亚光漆。发动机吊挂和唇口喷涂后效果如图 6 - 6 所示。

图 6-5　机翼上的特殊涂装

图 6-6　发动机唇口的特殊涂装

3) 结冰标尺

为了测量机翼前缘和平尾前缘结冰厚度,需在机翼前缘和平尾前缘安装结冰标尺。标尺为扇形铝板,用黄色、黑色亚光漆标出刻度,最小刻度为 1 in,共 4 in。图 6-7 为结冰标尺示意图。

4) 结冰气象参数探测设备

为了实时监测结冰云层 LWC 和 MVD,需加装结冰气象参数探测设备(CCP),通常安装在机背,并需要安装配套摄像设备记录 CCP 工作状态。CCP 主要测试的

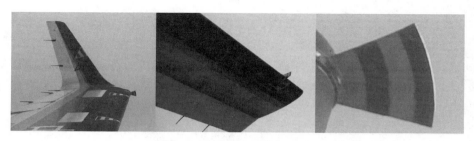

图 6-7　机翼上的结冰标尺

参数为大气 MVD、LWC、温度、空速。ARJ21 飞机在北美进行自然结冰试飞时使用的 CCP 主要包括一套 CIP、一套 CDP 和一套 LWC 热线仪。CIP 采用光学组件测量 MVD，测量范围为 $25\sim1\,550\,\mu m$，精度为 $25\,\mu m$；CDP 采用前向散射技术测量 MVD 和 LWC，测量范围为 $2\sim50\,\mu m$，精度为 $1\,\mu m$；热线仪采用热感线圈的原理测量 LWC，测量范围为 $0\sim3\,g/m^3$，精度为 $0.01\,g/m^3$，LWC 值以热线仪为准。

5）温度传感器

加装的温度传感器主要记录防护区的温度，如机翼前缘、风挡等区域，温度数据应记录在飞机测试系统中。

6）应对高风险试飞科目的应急离机系统

此科目与其他科目类似，不再赘述。

图 6-8 为 CCP 在 ARJ21 飞机上安装的示意图。

图 6-8　CCP 示意图

6.4.3　风险评估

根据 NASA 试飞风险数据库、FAA ORDER 4040.26 以及运-7、ARJ21 等飞机的试飞经验，自然结冰试飞为高风险试飞科目，其应急离机、地面保障等级需要按照高风险试飞科目的要求进行配置，该科目可能产生的风险及原因主要有以下几个方面。

（1）飞机丧失操纵，其主要原因如下：

a. 飞机结冰导致气动特性变差、飞行品质下降。

b. 防冰系统工作不正常或能力不足，导致防护表面出现结冰。

c. 飞机遇到过冷大水滴，气象条件超出了 CCAR‐25 附录 C 中连续最大结冰定义的包线。

（2）发动机损坏或熄火，其主要原因如下：

a. 发动机部件冰积聚造成的发动机工作不稳定或振动值升高。

b. 进气部件和发动机本体冰脱落造成的发动机损坏或熄火。

c. 机体冰脱落后进入发动机造成的发动机损坏或熄火。

（3）APU 故障或损坏，其主要原因包括 APU 进气口积冰，导致 EGT 或滑油温度超限。

（4）冰雹或雷电导致的损坏，如果进行间断最大结冰条件试飞或遇到间断最大结冰环境，飞机可能需穿越雷暴气象。

（5）襟缝翼结构损伤，结冰后操纵襟缝翼可能导致襟缝翼结构损伤。

针对自然结冰试飞的试飞风险，需制订相应的风险降低措施。整体上要求自然结冰试飞机场净空条件良好，通信和导航设备、备降场设备齐全；飞行前需要检查并完成地面除冰，严禁飞机带霜、雪起飞；在进入结冰云区后，试飞机组调出防冰系统简图页，实时观察，确保系统正常工作，飞行员要密切注意结冰告警信号，确保按要求打开防冰系统；在进入结冰云区后，要求机组根据目视结冰标尺判断飞机结冰情况，从而决定是否需要立即脱离。针对具体的科目，需要单独制订风险降低措施。

1）防止飞机丧失操纵

（1）自然结冰试飞前，完成冰风洞和带冰型的风洞试验数据分析，完成干空气条件下防冰系统的地面试验及试飞、干空气条件下的临界模拟冰型试飞，初步评估防冰系统能力及飞机带模拟冰型时的操稳特性。

（2）自然结冰试飞机组熟悉飞机防冰系统工作特性和结冰条件的机组操作程序，熟悉冰污染操纵特性，熟悉机翼失速和平尾失速改出程序。

（3）加装摄像头，监控重要部位结冰情况，监控防冰系统的主要参数、防护表面和未防护表面的结冰状态。

（4）驾驶舱加装辅助飞行仪表，显示迎角、侧滑角和过载等重要参数。

（5）起飞前，试飞机组充分熟悉且掌握结冰空域范围、高度和天气变化情况，飞机等待飞行过程中每隔 5 min 完成小幅度的操稳检查，确定飞机响应正常后继续等待飞行。

（6）实时监控云中 LWC、MVD 和云层温度。在防冰系统自然结冰试飞中，结冰气象条件控制在间断最大结冰包线内。

2）防止发动机损坏或熄火

（1）自然结冰试飞前，应完成地面发动机吞冰能力验证试验评估、短舱防冰能力评估。

（2）完成自然结冰条件下短舱防冰系统试飞后，再进行连续最大自然结冰条件下 45 min 等待的性能操稳试飞。

（3）试验过程中若发动机振动值超过限值则必须密切关注，对于非试验发动机，当振动值超过限值时需执行脱冰程序。

（4）试飞机组熟悉发动机空起程序，熟悉单发操作以及单发着陆程序。

（5）加装摄像头，对发动机前段区域进行监控，结合视频，参加试飞的相关人员应加强对于自然结冰试飞过程中发动机参数异常的判断能力。

（6）在结冰区域飞行时，APU 发电机应处于接通状态，作为主发动机的应急备份电源。

（7）试飞中发动机若出现异常，则航后应按规定进行孔探检查。

3）防止 APU 故障或损坏

（1）脱离结冰区，爬升或下降到非结冰区域。

（2）如果 APU EGT 超限，手动关闭 APU。

（3）如果 APU 滑油温度超限，手动关闭 APU。

4）防止冰雹或雷电导致的损坏

（1）飞机距雷暴区至少保持 20 n mile。

（2）气象雷达正常工作，确保飞机不在黄色或红色区域工作。

（3）保持 ATC 监控，避免飞机在可能的雷暴区域工作。

5）防止结冰引起飞机襟缝翼故障和结构损伤

停止试飞动作，通过监控视频或上机人员判断飞机襟缝翼位置；执行脱冰程序。

6.4.4　试飞实施

自然结冰试飞主要科目为结冰条件下的操稳科目，除防冰系统、发动机、APU 和 RAT 等外，每一个科目都对进出结冰气象的时间、动作有具体的要求。

1）飞行品质科目

飞行品质科目主要验证条款为 25.1419，主要要求如下。

（1）在结冰区域飞行 45 min，结冰厚度达到 2 in 但不超过 3 in，可以退出结冰云区，开展相关科目的验证。

（2）如果在 45 min 内结冰厚度小于 2 in，则需要延长飞行时间，使结冰厚度达到 2 in，但不应大于 3 in，可以退出结冰云区，开展相关科目的验证。

（3）如果飞行不到 45 min 时结冰厚度已经达到 3 in，则可以退出结冰云区，开展相关科目的验证。

（4）结冰厚度判断标准以机翼上标尺处测量的厚度为准。

（5）考虑到飞机在飞行中机翼翼梢处的振动和弹性变形的影响，翼梢段的结冰比较容易发生脱落，如机翼标尺处的结冰发生脱落以致无法判断结冰厚度时，需要参考平尾标尺处的结冰厚度，厚度判断的原则与机翼一致。

（6）在完成操稳科目的过程中，允许有部分冰脱落，如果冰脱落之后的飞机机翼和平尾的结冰不能满足试验验证的要求（满足试验的要求为翼梢小翼上有结冰，平尾冰保留 2/3），则需要执行脱冰程序，重新进入结冰云区飞行使得结冰厚度达到要求之后，再开展操稳科目的验证。

a. 飞机遇到结冰气象后，按照飞机飞行手册的程序打开机翼防冰、短舱防冰和风挡防冰系统。

b. 在结冰云层中，飞机以等待速度保持稳定平飞或四边形水平飞行，完成自然结冰等待飞行。

c. 达到结冰要求后，飞机飞离结冰云层，待结冰告警消失后按手册程序要求关闭机翼防冰、短舱防冰和风挡防冰系统。

d. 根据等待情况和进近、着陆情况及结冰厚度，按照要求进行以下机动：

a）水平 40°坡度转弯：在给定状态配平飞机到稳定直线对称飞行，建立 40°坡度稳定转弯。

b）左右 30°坡度快速滚转：在给定状态配平飞机到稳定直线对称飞行，建立 30°坡度稳定转弯，使用快速的反向操纵进行反方向 30°坡度滚转机动。

c）减速板收放：在给定状态配平飞机到稳定直线对称飞行，进行打开和关闭减速板机动。

d）减速至后止动点：在给定状态配平飞机到稳定直线对称飞行，以 1 kn/s 减速率减速，直至拉杆到后止动点。

飞行品质科目可接受判据如下：在任一规定机动过程中，不应有异常的操纵响应，或者任何非指令性的飞机运动，并且在水平转弯和左右滚转时，不应有抖振或失速警告。失速警告和失速保护的演示试飞方法与无冰状态相同，不再赘述。

此科目主要记录的参数有各套大气系统气压高度、速度、飞机各舵面偏度、三向操作的力和位移、飞机姿态角、角速率、三向过载、飞机的迎角、侧滑角、失速保护系统的告警、推杆等。

2）防冰科目

防冰系统试飞主要包括短舱防冰、机翼防冰、风挡防冰等，主要验证条款为 25.1093(b)(1)、25.1309(a)、25.1419(b)、25.1301(d)、25.773(b)(1)、25.773(c)等。防冰试飞科目除正常工况外还应该考虑模拟防冰系统延迟开启、失效、间断最大结冰等工况。

（1）正常工况下，正常工况又分两个工作状态：

a. 飞机的机翼防冰、短舱防冰系统打开,风挡防冰进入手册规定的防冰状态,通常为高位后,再飞入所需的结冰气象。

b. 飞机在结冰气象中飞行,探测系统探测到结冰后再打开上述防冰设备。

每种情况均需要在结冰气象中飞行一定的时间,通常为 5~10 min。

(2) 延迟开启工况。

延迟开启工况要求飞机各防冰系统在探测到结冰 30 s 后再开启机翼防冰系统;2 min 后开启短舱防冰系统;在结冰区域飞行一定的时间,通常为 5~10 min,或者观察到非防护区的结冰达到一定程度,比如翼稍小翼与机翼连接处冰厚达到一定程度后退出结冰气象。退出结冰气象后关闭机翼、短舱防冰系统,风挡防冰系统调整为普通或低位模式。

(3) 失效工况。

主要针对机翼防冰的单侧引气失效工况,试验条件和方法与延迟开启工况类似,不过需要提前将机翼防冰气源选择为来自单侧。机翼和短舱防冰系统开启并飞入结冰气象,探测到结冰 30 s 后,调整风挡防冰系统至高位;在结冰区域飞行一定的时间,通常为 5~10 min,或者观察到非防护区的结冰达到一定程度,比如翼稍小翼与机翼连接处冰厚达到一定程度后退出结冰气象。退出结冰气象后关闭机翼、短舱防冰系统,风挡防冰系统调整为普通或低位模式。

(4) 间断最大结冰工况。

以正常防冰状态进入结冰气象飞行 2 min 后退出,退出结冰气象后关闭机翼、短舱防冰系统,风挡防冰系统调整为普通或低位模式。

上述工况还应考虑发动机的不同转速进入结冰气象的组合。

在试验过程中,应全程摄像记录、监控缝翼表面、垂尾、平尾、风挡、发动机短舱、组合气象探头等处的结冰、防冰情况,记录 OAT、风速、风向、气象条件以及加装的机翼表面温度传感器温度。

3) 发动机风扇冰脱落验证科目

发动机风扇冰脱落验证科目验证条款为 25.1093(b)(1),目的为验证在结冰条件下,发动机风扇(风扇叶片和整流锥)冰脱落程序可靠有效。

试验主要过程为在选定的高度、速度和发动机状态下,发动机进入结冰区后记录时间 T_1,当觉察发动机振动增加或 N1 振动值达到高指示时,记录时间 T_2,并执行如下操作程序:

(1) 试验发动机油门杆置于慢车位,慢推至较大的 N1,并保持 10~30 s。

(2) 试验发动机油门杆恢复至飞机所需推力位置。

(3) 在试验过程中,非试验发动机油门杆按需处理。

在试验过程中,摄像头需将风扇和整流锥全部拍摄。试验需要记录风扇结冰后发动机 N1 振动值,风扇冰脱落时发动机振动值增加并瞬间降低,恢复正常的时间,飞行员感受发动机异常声音和振动时间(如果适用)以及摄像记录的风扇整流锥上冰脱落的时间。主要参数包括云层 LWC、MVD、大气温度、发动机 N1 和 N2 振动值、N1、N2、风扇前端影响资料等。

　　4) 发动机、APU、电源、仪表系统等

　　这些系统的试飞通常结合上述各科目进行,主要验证各自的功能性条款,如 25.1301,需要记录各系统的参数,考察结冰对各系统工作的影响。比如 RAT 的释放功能,空速、高度指示工作等。

参 考 文 献

［1］裘燮纲,韩凤华.飞机防冰系统[M].北京:国防工业出版社,2004.

［2］Bower D R. A review of recent NTSB accident and incident investigations [R]. SAE,2007.

［3］卜雪琴.热气防冰系统数值仿真研究[D].北京:北京航空航天大学,2009.

［4］杨胜华.二维飞机结冰过程仿真[D].北京:北京航空航天大学,2010.

［5］申晓斌.飞机结冰数值模拟研究[D].北京:北京航空航天大学,2013.

［6］易贤.飞机积冰的数值计算与积冰试验相似准则研究[D].绵阳:中国空气动力发展与研究中心,2007.

［7］B. J. 梅森.云物理学简编[M].王鹏飞,译.北京:科学出版社,1983.

［8］Wright W B. Simulation of two-dimensional icing, de-icing and anti-icing phenomena [D]. Toledo:The University of Toledo,1991.

［9］Tran P,Brahimi M T,Paraschivoiu I,et al. Ice accretion on aircraft wings with thermodynamic effects [R]. AIAA 94 – 0605,1994.

［10］Wright W B. User manual for the NASA glenn ice accretion code LEWICE version 2. 2. 2 [R]. NASA/CR – 2002 – 211793,2002.

［11］Ghenai C,Kulkarni S,Lin C X. Validation of LEWICE 2. 2 icing software code:comparison with LEWICE 2.0 and experimental data [R]. AIAA 2005 – 1249,2005.

［12］Wright W B. Further refinement of the LEWICE SLD model [R]. NASA/CR – 2006 – 214132,2006.

［13］中国民用航空局.运输类飞机适航标准:CCAR – 25 – R4[S].中国民用航空局,2011.

［14］US Government Publishing Office. Electronic code of federal regulations: subchapter C—aircraft, part 25 and part 33 [R/OL]. (2016 – 01 – 07). http://www. ecfr. gov/cgi-bin/text-idx? gp = &-SlD = aO5O65178-

52bc3bdaOO2449674elO9bO&-mc ＝ true&tpl ＝/ec-frbrowse/Titlel4/
14chapterl. Tpl.

[15] 王宗衍. 美国冰风洞概况[J]. 航空科学技术,1997(3):45 - 47.

[16] Flemming R J, Alldridge P, Doeppner R. Artificial icing tests of the S - 92A
helicopter in the McKinley climatic laboratory [R]. AIAA 2004 -
737,2004.

[17] 赵克良,陆志良,丁力,等. 用于结冰风洞试验的混合翼设计[J]. 空气动力学学
报,2013,31(6):718 - 722.

[18] 中国民用航空局. 正常类、实用类、特技类和通勤类飞机适航规定:CCAR -
23 - R3[S]. 中国民用航空局,2005.

[19] 张强. 民用飞机临界冰型确定策略浅析[J]. 民用飞机设计与研究,2019(1):
53 - 58.

[20] AIAA. Aerodynamic performance of a tail section with simulated ice shapes
and roughness [C]. 39th Aerospace Sciences Meeting and Exhibit
(AIAA),2000.

[21] 李勤红,乔建军. Y7 - 200A 飞机模拟冰型飞行试验[J]. 飞行力学,1998,16
(3):73 - 77.

[22] 赵克良. 大型民机结冰计算、风洞试验及试飞验证[D]. 南京:南京航空航天大
学,2017.

[23] 周峰,冯丽娟,徐超军,等. 民用飞机适航用临界冰形的确定及验证[J]. 实验流
体力学,2016,30(2):8 - 13.

[24] 张强,范东方,刘旭华. 自然结冰试飞成功的影响因素研究[J]. 航空科学技术,
2013(3):43 - 45.

[25] 贾胜博. 飞机自然结冰试飞空域选择的研究[D]. 广汉:中国民用航空飞行学
院,2015.

[26] 霍西恒,李革萍,王大伟,等. 民用飞机防冰系统试飞问题探索和研究[J]. 民用
飞机设计与研究,2016(2):41 - 44,65.

[27] Heinrich A. Aircraft icing handbook [R]. FAA Technical Report DOT/
FAA/CT - 88/8 - 1. 3 vols. FAA William J. Hughes Technical Center,
Atlantic City International Airport, NJ 08405,1991.

[28] Cabler S J M. Aircraft ice protection [R]. FAA Advisory Circular 20 -
73A. U. S. Department of Transportation, Subsequent Distribution Office
SVC - l21. 23, Ardmore East Business Center, MD20785,2006.

[29] SAE. Minimum operational performance specification for inflight icing
detection systems:SAE AS 5498 - 2001 [S]. SAE, 2001.

[30] Jackson D, Owens D, Cronin D, et al. Certification and integration aspects of a primary ice detection system [R]. AIAA 2001 – 0398,2001.

[31] Cober S G, Korolev A V, Isaac G A. Assessing characteristics of the rosemount icing detector under natural icing conditions [C]. AIAA, Aerospace Sciences Meeting and Exhibit, 39th, Reno, NV, 2001.

[32] Roy S, Izad A, DeAnna R G, et al. Smart ice detection systems based on resonant piezoelectric transducers [J]. Sensors and Actuators A: Physical, 1998,69(3):243 – 250.

[33] FAA. Aircraft ice protection:AC 20 – 73A [S]. FAA, 2006.

[34] Papadakis M, Wong S H, Yeong H W, et al. Icing tunnel experiments with a hot air anti-icing system [R]. AIAA 2008 – 444,2008.

[35] Messinger B L. Equilibrium temperature of an unheated icing surface as a function of air-speed [J]. Journal of the Aeronautical Sciences, 1953,20(1): 29 – 42.

[36] Incropera F P, Dewitt D P. Fundamentals of heat and mass transfer [M]. 5th ed. New York: John Wiley & Sons, 2002.

[37] Morency F, Tezok F, Paraschivoiu I. Heat and mass transfer in the case of an anti-icing system modelisation [R]. AIAA 1999 – 0623,1999.

[38] Croce G, Beaugendre H, Habashi W G. CHT3D: FENSAP-ICE conjugate heat transfer computations with droplet impingement and runback effects [R]. AIAA 2002 – 0386,2002.

[39] Smith A G, Spalding D B. Heat transfer in a laminar boundary layer with constant fluid properties and constant wall temperature [J]. Journal of the Royal Aeronautical Society, 1958,62(1):60 – 64.

[40] Ambrok G S. Approximate solution of equations for the thermal boundary layer with variations in boundary layer structure [J]. Soviet Physics-Technical Physics, 1957,2:1979 – 1986.

[41] Abu-Ghannam B, Sham R. Natural transition of boundary layers-the effects of turbulence, pressure gradient and flow history [J]. Journal of Mechanical Engineering Science, 1980,22(5):213 – 228.

[42] Miller D S. Internal flow system [M]. 2nd ed. Bedford, UK: BHR Group Limited, 1990.

[43] Bu X Q, Yu J, Lin G P, et. al. Numerical simulation of an airfoil electrothermal anti-icing system [J]. Proc IMechE Part G: Journal of Aerospace Engineering, 2013,227(10):1608 – 1622.

[44] Shen X B, Lin G P, Yu J, et al. Three-dimensional numerical simulation of ice accretion at the engine inlet [J]. Journal of Aircraft, 2013, 50(2): 635 – 642.

[45] 李广超, 何江, 林贵平. 电脉冲除冰(EIDI)技术研究[J]. 航空动力学报, 2011, 26(8): 1728 – 1735.

[46] 朱永峰, 方玉峰, 封文春. 某型飞机发动机短舱防冰系统设计计算[J]. 航空动力学报. 2012, 27(6): 1326 – 1331.

[47] 郑莉, 彭又新, 卜雪琴, 等. 飞机防冰系统设计中气象条件模拟及参数测量方法[J]. 科技导报, 2013, 31(25): 26 – 31.

[48] 杨世铭, 陶文铨. 传热学[M]. 4 版. 北京: 高等教育出版社, 2006.

[49] 卜雪琴, 林贵平, 郁嘉. 三维内外热耦合计算热气防冰系统表面温度[J]. 航空动力学报, 2009, 24(11): 2495 – 2500.

[50] 卜雪琴, 郁嘉, 林贵平, 等. 机翼热气防冰系统设计[J]. 北京航空航天大学学报, 2010, 36(8): 927 – 930.

[51] 宋馨, 林贵平, 卜雪琴. 防冰表面的对流换热计算分析[J]. 北京航空航天大学学报, 2011, 37(1): 49 – 53.

[52] 丁祖荣. 流体力学(中册)[M] 北京: 高等教育出版社, 2003.

[53] 林建忠, 阮晓东, 陈邦国, 等. 流体力学[M]. 2 版. 北京: 清华大学出版社, 2013.

[54] 胡文月, 葛俊锋, 叶林, 等. 一种图像式过冷大水滴结冰探测系统[J]. 仪表技术与传感器, 2015(11): 74 – 77, 84.

[55] 张洪, 张文倩, 郑英. 过冷大水滴结冰探测技术研究进展[J]. 实验流体力学, 2016, 30(3): 33 – 39.

[56] Potapczuk M G. A Review of NASA Lewice's development plans for computational simulation of aircraft icing [R]. AIAA – 99 – 0243, 1999.

[57] Potapczuk M G. Ice mass measurements: implications for the ice accretion process [R]. AIAA – 2003 – 387, 2003.

[58] 蒋胜矩. 基于 N – S 方程的大迎角分离流及翼型结冰数值模拟[D]. 西安: 西北工业大学, 2004.

[59] Chang H P, Kimble K R. Influence of multidroplet size distribution on icing collection effeciency [R]. AIAA – 83 – 0110, 1983.

[60] Paraschivoiu I. Prediction of the ice accretion with viscous effects on aircraft wings [R]. AIAA – 93 – 0027, 1993.

[61] 杨倩, 常士楠, 袁修干. 水滴撞击特性的数值计算方法研究[J]. 航空学报, 2002, 23(2): 173 – 176.

[62] Bourgault Y, Habashi W G, Dompierre J, et al. An Eulerian approach to

supercooled droplets impingement calculations ［R］. AIAA - 97 - 0176,1997.

［63］ Myers T M. Extension to the Messinger model for aircraft icing ［J］. AIAA Journal，2001,39(2):211 - 218.

［64］ Messinger B L. Equilibrium temperatuer of an unheated icing surface as a function of airspeed ［J］. Journal of the Aeronautical Sciences，1953,20(1): 29 - 42.

索　引